實戰智慧館 497

強勢品牌成長學

從行為經濟學解盲消費心理，關鍵六步驟打造顧客首選品牌

王直上 著

獻給我的爸爸
一位勇敢的戰士

強勢品牌成長學

目錄

推薦文

看見品牌經營的新思路，以及可能性

宋秩銘（奧美集團大中華區董事長）

我們面對的是愈來愈複雜的行銷環境，除了數位化帶來的一切衝擊之外，不期而至的疫情，又讓整個經濟格局與人們的生活習性發生一次效應長遠的顛覆。面對所有變化，人人都在問同一個問題：接下來該怎麼做，才能立於不墜之地？

品牌，是其中一個非常重要的答案。在數位化浪潮之下，品牌的價值曾經遇到許多質疑與挑戰，但在太多市場的起起伏伏與潮流的來來去去之後，卻反覆證實也更確認了品牌的價值。如果把企業比喻成一艘大船，品牌就是船底的壓艙石，讓你的船在風浪來襲時不被大浪掀翻，而且依然能夠保持穩定並持續前進。所以奧美提出了「讓品牌有意義」的主張，這也是我們對待行銷工作的根本信念。

但品牌這塊壓艙石該如何形成？靠的是在品牌建設上的持續堅持與保持一致，這就牽涉到「如何做」的技術問題。在行業裡，一直有許多不同的方法論；面對當前數位化的行銷世界，如何更新並發展更與時俱進的品牌方法論，也是大家一直在探究的課題。謝謝直上從行為科學的領域裡，幫大家找到了新的視角與思考方式，並花工夫把這些知識集結成書。書裡把理論與實戰做了很好的平衡，並提供一套完整的新模型與思考工具，對於忙碌的行銷人與廣告人而言，這會是一本非常實用的品牌工具書。

正如同這本書的書名《強勢品牌成長學》，品牌本來就是生意成長的根本動力，這個原則從不曾改變，需要改變的是隨時代步伐前進的品牌經營方法。在成長壓力無比巨大的今天，相信這本書能在品牌經營方法上，帶給你一些新的思路、新的觀點，也能為你要的成長帶來一些新的可能性。

最後，感謝直上的用心，我會希望奧美的員工都能好好看完這本書，然後再介紹給你的客戶。謝謝直上對我們行業的貢獻。

推薦文

練就品牌力的基本功

鄧臺賢（資深廣告人、前奧美廣告中國東南區總裁、我是大衛廣告董事長）

品牌力就如同內功，行銷活動若是沒有品牌力的加持，總覺得有點飄飄的，少了一點力道。

行銷策畫人員都不會否認品牌很重要，但能發展出有競爭力（理性）兼具有魅力（感性）的品牌主張已非易事，還必須有股傻勁持續長期的經營與累積，形成品牌資產。這需要有足夠的專業去提煉品牌，以及有紀律的執行，而決心會是個難度。

此外，一般對於作品牌還有一個誤解，就是一定要有專案專費去做品牌活動。在行銷費用高漲、追求短平快的數位時代，除了少數大企業擁有龐大預算及人才優勢，能夠有餘裕操作，但絕大部分公司面對每天冒出的技術、產品、通路、配送、銷售、客服等實體課題，就已經榨乾了時間與預算。品牌這種抽象式課題變成「重要但不急迫」，永遠被擺在想辦、待辦事項，下意識自動忽略。

對我而言，我認為品牌是基本功，因為有清晰的品牌主張，就能凝聚企業的共識與方向，而這也是消費者和企業接觸的體驗點。品牌的DNA（或稱為品牌元素），可以也應該內化到每一個產品、通路或傳播、銷售、客服等行銷動作，讓消費者和品牌相關的每一個接觸點上，形成對品牌的體驗與感受，進而在消費者的腦袋中形成品牌。

也因為如此，近年流行所謂的「品效合一」，把做品牌和做銷售分拆成兩個目標、兩個概念，我倒覺得不如說是「雙效合一」，能帶動銷售又能累積品牌，是一個概念裡的兩個必要元素，目標是兩種元素的綜合作用。

直上在奧美二十幾年，精於品牌策略，加上文人特質，其所形成的品牌策略每每帶有春天的色彩（套用台灣奧美策略長葉明桂的形容詞），理性與感性兼具。這幾年擔任許多大企業的品牌行銷顧問，對品牌的操作更加務實。在聚焦於新工具、新平台的數位浪潮中，有關數位工具的書成為顯學，直上花了大量時間撰寫這本書，該是對品牌這種基本功的重要提醒，是該把它擺在必要而且急迫的重要位置！

推薦文

品牌是一種鄉愁嗎？

許舜英（前奧美時尚合夥人暨首席創意官、前意識形態廣告公司合夥人暨執行創意總監）

經過多年的品牌打造、生產文化創意的職業生涯之後，我以為我已經看透了品牌背後的 tricks，洞悉了品牌的神話，且有能力解構所有的形象工廠，我經歷了偶像幻滅、品牌步下神壇的歷程。

我覺得自己可以不受制於品牌，我是一個有獨立思考能力、有自主性判斷能力的消費者。

我已經不買名牌奢侈品，因為時尚工業造成嚴重的塑化劑汙染、汙水排放及淡水資源退化等問題。

我不去大型連鎖品牌買咖啡。

當女裝品牌引用女性主義觀點作為訴求主題，我知道那是虛假的。

我不迷信米其林餐廳，我知道這些貌似中立的品味機構給出的星級評價，其實只是公關操盤的背書效應。

從諾貝爾文學獎到奧斯卡金像獎，從矜貴的鱷魚皮鉑金包到貌似親民的UNIQLO，從歌壇天后到十六歲的星二代天之驕子，從文化界形象高大的公共知識份子到每次直播銷售金額數億元的網紅，從高不可攀的奢侈品到日常的柴米油鹽，到文化知識品牌符號，到思想哲學意識形態，無論我的態度是認同或批判，我知道這一切都是神話製造系統的一部分，我都可以平常心看待。我知道哪些是我自己的fantacy（幻想），哪些是習以為常、被製造出來的「普世價值」，簡而言之，我已經有某種程度的品牌免疫力。

然而以上宣言只能說明我是一個防衛性很強的消費者，是一個不那麼容易討好的消費者而已，想要不受品牌支配純屬一種妄想。

每天我在網上買牛奶、麵包、雞蛋、買廚具、買酒、買書……，我以為我在做選擇，事實是有一群人不斷在餵我各種信息，而我也以洩露足跡的方式不斷暴露自己的喜好，我始終在品牌的天羅地網之下不斷為其輸出我的勞動力……但是，我們現在稱之為「品牌」的這個概念，是我們曾經理解的那個「品牌」嗎？

一個解構主義者如我，書架上一般不會有任何和如何打造品牌有關的書。對我而言，對消費社會的深度洞察首先是來自於對當代社會的批判性思考。當華特・班雅明（Walter Benjamin）提出〈機械複製時代的藝術作品〉（Das Kunstwerk im Zeitalter seiner technischen Reproduzierbarkeit），物的膜拜價值已轉移到展示價值，而複製早就已進化成擬像；從尚・布希亞（Jean Baudrillard）提出資訊內爆的四十年後，全球進入大數據時代，我們也徹底告別了思想的辯證，一切都依賴演算；從羅蘭・巴特（Roland Barthes）探討的攝影「刺點」（Punctum），到當今臉書上的數位頭像，我們經歷了什麼又失去了什麼？

當數位革命猶如新的彌賽亞福音，我們曾經賴以維生的思想模型、知識模型，全都開始散發著思古之幽情……，失去了檢視當下人類處境的效力。

另一方面，在品牌工作的現場，在數位經濟的場景中，我們應該如何思考「品牌」？

當「營利模式」大於一切的時候，品牌的價值是什麼？

當百年品牌的尊貴光環在一夕之間讓位給直播主的時候，品牌又是什麼意思？

當沒有任何「品牌素養」的直播主卻是最頂級的「帶貨王」，品牌還要故作矜持嗎？

當大量新貴炫富者湧向奢侈品牌的時候，品牌的文化價值如何體現？當「短平快」主導一切，當「眼球經濟」凌駕一切，品牌的追求又是什麼？

數據化的透明社會，是否標示著依賴想像及距離的品牌的終結？

品牌的終結一如真實主體的終結，一如現代性的終結，品牌終結之後的品牌是什麼樣子？可能就是當下的樣貌。

當所有的事物都是超可見的（hypervisible），當所有的個人都是品牌，那該如何打造品牌？

當有文化追求的 writer 讓位給吃喝玩樂的 blogger，當功力深厚的 film maker 讓位給大眾的即時 videos，當專業的美術指導讓位給網路P圖，當有獨特風格的文案讓位給堆疊資料的公關推文，這樣的當下場景，品牌的獨特風格還重要嗎？

一切無法被演算的都不存在，一切沒被「點讚」的也不存在。

凡此種種，標示著各種典範的快速轉換，事實是也不再會有「典範」留下來。凡此種種，不是答案不答案的問題，而是對品牌還有追求的人切身經歷的一種精神危機。

打開《強勢品牌成長學》這本書，作者王直上以他多年專業的實戰經驗，努力繪製出打造品牌的方法論藍圖，書中的觀點及方法或許略顯古典，無法與當前的數位經濟模式所衍生的品牌課題展開更犀利的對話，但對當前快速發展的企業或許是十分重要的品牌備忘錄，也是新一代專業工作者需要補課的品牌基礎教養。

我們正在經歷一個沒有任何歷史參照物的科技革命，信息社會猶如一個同質化的地獄，而所謂「品牌」，或許只是某種殘存的生物記憶而已。

推薦文

品牌書之最

葉明桂（台灣奧美首席策略顧問）

直上的這本《強勢品牌成長學》是講品牌的書籍當中，寫得最好的一本！他閱讀大量的參考書，加上長久累積的實戰經驗，融會貫通為一個專屬自己的品牌方法論，他的文筆流暢，就像一對一家教般傳授打造品牌的專業知識，非常適合作為行銷人員的自修讀物或學校的教科書。

本書的前兩章為品牌的基本概念以及傳統品牌經營的一些模式，第三章後全是最新鮮的真材實料，分享如何擬定品牌策略及如何落實品牌工作的方法與道理，而這些論述都用了許多科學論證來支撐。記得我年輕的時候，為了更精進，我也閱讀了許多有關廣告學與市場學的書籍，了解廣告這行的許多專有名詞。近年來，我對腦科學特別感興趣，像是「人如何能一次記得永生不忘？」「人是如何一見鍾情？」「人為什麼而興奮不已？」「人為什麼會上癮？」，鑽研之後發現，原來這些人類學才是累積擬定品牌策略與落實品牌工程的基本知識。

人類生活上的任何選擇都來自於潛意識，我們先有了潛意識的偏心，接著才形成偏好。而直上所主張的品牌策略，就是處理潛意識的黑魔法。以下是他對品牌策略的三個思考項目：

一、**消費者目標**：是人們對消費產品（或服務）的終極利益，是人們消費的初衷，也是產品類別的抽象原點，是品牌要滿足人類消費動機背後的潛意識，所有品牌梳理的第一步，就是要找出內心深處的隱形目標。品牌的目標對象是全人類，這和理性邏輯所推演的產品定位不同，其所追求的是精準的核心消費者，而品牌追求的是廣大群眾的普世價值觀。

二、**品牌主張**：這是根據品牌在生意上的課題而推展成形的一句話，也許是一個價值理念，也許是一個終生承諾，但都屬於人們在情感上的非理性要求，是品牌精氣神的提煉，是一種讓人們感受到你想讓他們感覺的東西。品牌主張藉由鼓勵人們過更美好的人生，來解決品牌在生意上的問題，或放大在生意上的機會。

三、**品牌聯想**：直上在書中特別反對品牌策略的終點是一句話，一句有利生意的品牌主張，他主張定義品牌就是定義一個品牌的框框，由文字的聯想和視覺的聯想組合而成。文字的聯想是用行星系的圖示來表達，每個關鍵字的周圍描述著相關的聯想詞，而這些聯想詞都是體驗品牌會有的生理感受或心理感覺。視覺的聯想則用所謂的「情緒板」來表現；品牌視覺化的重要性是大多數品牌顧問所缺乏或忽視的部分，在定義品牌的框架時絕對不能少。

至於如何落實品牌工作，直上提出了三個重點：有名、有情、有形。

一、**有名**：知名度是讓品牌應用的最基本也最實用的目標，幫助人們在第一時間想起你的品牌，同時產生信賴感與安全感。

二、**有情**：打動人比說服力更容易建立品牌的市占率，可以透過廣告互動與體驗來傳達品牌的情感，讓品牌更有魅力。行銷界提出如何讓廣告作品的理性和感性平衡，其實，思考如何提供一種充滿情感的體驗，比提供一種理性好感的服務更能幫助銷售。

三、**有形**：直上在書中強調了人類五個不同感官的體驗，除了品牌視覺，還有聽覺（聲音）、嗅覺、味覺。（其實我覺得觸覺也很重要，一罐飲料的手感可以決定人們對產品品質的直覺判斷。）品牌創造的感官記憶愈豐富，與消費者的綁定關係就愈緊密。品牌代言人屬於讓品牌更有形的常用手段，但不如品牌專有的吉祥物或儀式（這是我的個人偏見，因為知名有效果的代言人，必定同時為其他許多產品做宣傳，造成品牌個性的錯亂），近年來，我特別對創造品牌儀式感興趣，因為這是一個絕對有效但經常被人忽視的環結。

以上是我對《強勢品牌成長學》的讀後心得，不得不說，直上這本書內容極其豐富而且聚焦，他將職業隊的專業內容，透過親民通順的文筆，化為好消化的專業知識，值得大家買一本來仔細拜讀！

推薦文

讓品牌愈擦愈亮

劉鴻徵（全聯福利中心行銷部協理）

以往在看國外講品牌的書，雖然理論基礎有比較高的原創性，但所舉的案例總會覺得沒有臨場感。但作者這本《強勢品牌成長學》有扎實的理論基礎，並旁徵博引各類文獻，加上本土的品牌個案，讓這本書充滿了可看性。

各家廣告公司都有自己的理論架構，但作者的理論，我覺得是少數可以去蕪存菁的一個。市面上有太多品牌顧問公司把品牌講得太複雜，還帶了一點玄學的成分以表示專業，但簡單來講，事實上就是書中所講的「品牌恆星」架構，主要有兩個部分：

一、核心策略：對誰說、說什麼、怎麼說。

二、落實策略：有名、有形、有情。

也就是說，在品牌戰略中，先要設定好目標客層、擬定好品牌主張，再充分維持一貫的品牌個性；對外盡可能擴張品牌的知名度，展現良好的品質，並加深消費者的情感連結。

在我個人的就業生涯中，有幸在 7-Eleven 及全聯兩大連鎖通路服務過，有三十年的品牌操作經驗，也因為都曾與奧美合作，因此本書讀來相當有共鳴。

在 7-Eleven 的時代，我們問如果小七是一個人，你覺得他是什麼樣的人？很多人會回答「老大哥」、「發明家」、「不睡覺」、「好鄰居」、「很聰明」……，完全展現它的市場地位及品牌所散發出來的精英氣味。至於全聯，奧美已經幫忙將全聯的品牌聯想，具象化在全聯先生的形象裡了。

書中提到許多全聯的案例，老實說，有很多都是承接前人留下的品牌資產，只是我們將它深耕並發揚光大，像是「實在真便宜」、「全聯先生」，我們也都小心翼翼地保留這些資產，但會賦予時代的意義。

通路品牌和一般製造商品牌不太一樣的是，製造商的品牌往往是採取「PM制」，也就是以產品經理（Product Manager）為核心，各憑本事去打天下，公司制高點只要管好各品牌的產品策略，能夠搶奪某一個市場區隔的份額即可；但通路品牌比較採取的是「編輯台制」，行為比較像新聞業者，品牌經理和採購就像記者般去市場上收集商機，回到編輯台上整合推出上架。因為通路品牌畢竟有很多自有品牌在經營，且都在同一個店裡發生，若各憑本事，只會互相搶奪店內的資源。

因此，我們每個月都會召開媒體會議，循環式地確認未來一季的行銷規畫，根據節令、節氣或是自己造節來分配每一檔大眾媒體要上什麼、櫥窗區要貼什麼、冰箱區要講什麼，LINE和臉書要推什麼……

早期全聯強調，找不到招牌、沒有拋光石英、沒有外送服務、沒有停車場，把這些當做是便宜的支持點。但隨著生活型態的演進，這樣的訴求不再打動人心。如同書中強調的，如果你設定的目標客層很窄，就會限縮你的生意來源。後來也是和奧美透過品牌大理想的工具操作，展開新一波的「全聯經濟美學」宣傳，將全聯的品牌優勢「省錢」，和年輕人的「夢想」這樣的社會情緒連結，產生了微妙的品牌變化，不只吸引到年輕人加入，也更強化婆婆媽媽們採購的信念，也讓親子對得上話，擴大了客層，讓省錢不是摳門，而是有想法、懂生活的普世價值。

通路品牌除了全店的品牌經營外，還透過很多自有品牌來創造獨家的優勢，大多數是用「商家名稱」（store name）或「私有標籤」（private label, PL），這些在操作上往往要強調一樣的品質，但比「全國性品牌」（national brand, NB）便宜，而近來自有品牌愈來愈朝向「專屬品牌」化（proprietary brand, PB）發展。因為如果自有品牌想訴求的品牌個性和店的性格不一致，往往無法凸顯商品特色，所以會往獨立的品牌個性深耕。像是

7-Eleven 早期強調美式的大亨堡、重量杯，中期發展日式情懷的關東煮、御飯糰，乃至於創造百億商機的 City Café，都未使用商家名稱，主要就是跟作者所要強調的「品牌聯想」有關，這些品牌有可能脫離商店品牌原本建構的品牌調性，但無非是想要創造這家店裡獨家販售的訊息。

全聯早期也是強調「實在真便宜」，但價格戰仍有其局限性，因此近來也開始將具有特色的品類整合，發展出自己品牌的特色。不過因為命名實在是一件痛苦的事，後來我們用取巧的方式，發展出一種「字根命名法」，像是「OFF coffee」，就是把 coffee 中的 OFF 和咖啡的「休息一下」做連結，「WE Sweet」是強調「最好吃的甜點是『我們』一起吃甜點」，「READ Bread」則強調用麵包「閱讀」世界。自此，品類竟也成為品牌了。

作者在書中多次誇獎全聯品牌的經營，實在不敢當。感謝過去奧美這個品牌管家，幫全聯打下良好的基礎，也覺得全聯是發揮了整體的戰力，不管是工程及開發單位在空間的規畫設計、營業人員的服務應對、商品結構的豐富化，還有整個後勤物流的強大支援，都成就了一個新的全聯。行銷單位只是一個編輯台，將大家的努力整合在每一檔活動中以及每一個品牌裡，呈現給消費者。

我們還在學習如何把品牌擦得更亮，這本書給了我們一個清晰的架構，好好照著做就對了！

推薦文

掌握品牌策略框架，才能穿越多變的行銷趨勢

鄭鎧尹（iKala 共同創辦人暨營運長）

很高興能夠拜讀王直上的《強勢品牌成長學》，這本書凝聚了他在奧美集團二十三年如何協助企業形塑品牌策略的智慧。本書深入淺出，有系統地利用「品牌恆星」的框架來一步步解說建立品牌所需的元素，對於任何從事品牌行銷的人來說，都會十分實用。資深的行銷人可以透過這個框架，來重新檢視並回顧目前將要執行的品牌策略；而剛入行的行銷人，則可以透過這個框架學習品牌策略所需考量的面向。

如作者所述，目前數位科技日新月異，行銷管道也愈來愈破碎化，然而當管道愈破

碎，就愈凸顯出一致品牌策略的難度。身為AI領導公司，iKala也從技術的角度協助客戶建立CDP（Customer Data Platform），跨管道了解客戶的數位軌跡，讓品牌的行銷人員可以有更全面完整的數據去深入了解他們的消費者，進而從中理解「消費者目標」，制定出直指消費者目標的「品牌主張」。

另外，現在的消費者待在社群網路的時間愈來愈長，社群平台也愈來愈多元，從早期的臉書，到年輕人愛用的Instagram和抖音（TikTok），到全民都會觀看的YouTube平台，消費者取得的資訊大幅度受這些社群平台關鍵意見領袖（key opinion leader, KOL，泛稱「網紅」）的影響。

因此，如何在碎片化訊息的數位社群環境中，有系統地將品牌主軸及品牌聯想，透過作者所說的「有名」、「有情」、「有形」來做建立，讓閱聽眾即便在碎片訊息的社群場域中，還能感受以及辨識到品牌就十分重要。

透過iKala獨家的AI網紅數據平台KOL Radar，品牌主可以透過數據化的方式，找到最適合自己品牌受眾的網紅來做合作，透過他們運用自己的話，將品牌訊息轉化，讓各種不同細切受眾的人更能接受到屬於自己的「部落語言」，而這種訊息的接收往往更有效且更貼近不同族群，重點是不悖離品牌主軸。

社群行銷也持續在進化，社群的影響力也從KOL（關鍵意見領袖）逐漸移轉到KOC（關鍵意見消費者）。對於新的消費世代，人人在社群上都有一定的影響力，而如何有系統地分析並運用社群上的KOC，對品牌來說也是在社群數位行銷上的新挑戰。對此，KOL Radar 同樣利用了ＡＩ獨家社群分析技術，協助品牌客戶建立ＫＯＣ流量池，進一步統整並運用這些破碎的消費者訊息。

科技的進步導致傳播環境愈來愈複雜與破碎化，然而品牌所需要的策略框架則是萬變不離其宗，如何將品牌策略框架結合行銷科技（MarTech）整合這些破碎的數位管道，將是現在行銷人最大的挑戰。

願所有行銷人都能透過本書的「品牌恆星」，為自己手上的品牌建構出前行的指南，進而能夠穿越多變的行銷趨勢。

推薦文

歡迎進入品牌行銷殿堂

許菁文（電通創意中國區首席運營官、安索帕集團中國區首席執行官）

這是一本回歸行銷本源的書。

書中沒有提及太多搶占今日主流媒體版面的網路行銷顯學，然而作者以他在品牌行銷領域從業超過二十年的扎實功底，用一種樸素的方式，將品牌應有的樣貌娓娓道來，引領大家在實務中發揮品牌應有的價值。

我相信，這本書對每一個想要一探品牌行銷殿堂的人，都能夠有所助益！

推薦文

品牌是改變世界的美好工具

鄭涵睿（緣藤生機共同創辦人）

每一個行銷人對於品牌都有不太一樣的看法，同一個品牌總有各種不同的解讀，而《強勢品牌成長學》是一本少見且具洞見的品牌書，不止透過「品牌恆星」來深入淺出地形塑品牌行銷體系，透過腦神經科學來論述品牌對消費行為的影響，更引用不少台灣案例，讓我們得以從身旁直接體會作者的用心。

很喜歡作者所言，品牌真正存在的地方只有一個，就是人的大腦裡。從創業以來，我就一直相信著品牌的力量，相信品牌是理念與產品的最好載體。正因為人們每一天的生活被不同的品牌所形塑著，品牌該是改變世界最美好的工具之一，也真正擁有著帶來社會與環境正面改變的可能。

二〇二一年，綠藤即將再次翻新品牌識別系統，而我感到幸運，先遇見了《強勢品牌成長學》。

推薦文

一本帶你實現品牌價值的完整指南

蘇書平（先行智庫執行長、為你而讀創辦人）

在制定品牌策略時，如果只是列出你想做的事情是不夠的。《強勢品牌成長學》作者王直上透過淺顯的企業案例與極細膩的人性洞察，加上完整的行銷理論與大腦行為科學，對品牌策略及品牌落實工作有非常詳細的描述。

其實，只是把幾個想法和標誌融合在一起並不是品牌策略，本書可說是一份詳細的指南，它可以協助你重新診斷現有的目標市場，找到誰才是你真正的客戶？他們雇用你的品牌解決的隱性和顯性目標是什麼？品牌要如何定義長期成功？你可以透過書中的指導方針，設計出更有效的品牌主張與故事，幫助個人或企業制定更有效的品牌行銷策略與計畫。

更特別的是，書中還針對不同的閱讀對象如企業、廣告媒體代理商、小企業、一人公司，設計了不同的使用建議與提醒，我自己看完也受益良多。

本書提供了許多品牌策略分析模型、案例研究、廣告設計聯想元素與與圖表工具，透過有系統的邏輯框架，帶領我們一步一步地從品牌策略研究，再到設計執行、發布與溝通，實踐品牌的價值，非常值得推薦。

前言
品牌可以玩得很有趣

告訴我，你覺得台灣近幾年來做得特別亮眼的本土品牌有哪些？

以下是我得到的比較多人異口同聲提到的答案：Gogoro、全聯福利中心、金色三麥、星宇航空。然後，我在網路上把他們的廣告、社群內容、網站等好好搜了一遍並認真看完，我只覺得好．感．動。這些台灣品牌令人驕傲，更重要的是，他們都很成功。

從類比到數位，品牌還需要行銷嗎？

我在台灣的廣告圈長大，十幾年前轉戰大陸市場，期間偶爾會回台灣，三不五時看到一些台灣的有趣案例，但是畢竟生活圈已經遠離許久，對台灣市場的脈動掌握得愈來愈間接。

為了讓這本書的內容很在地，我特別找了好幾位仍在台灣廣告圈中奮鬥的老長官與老戰友，一一請教他們對台灣市場現況的看法，於是才有了上面那些好品牌的名單（當然還有其他國內外品牌，我只列舉重複提及度高者以及本土的部分）。

他們告訴我的，除了上述令人振奮的好案例之外，更多的是大家眼前遇見的各種艱難。而我更關心的，是台灣的行銷圈現在對「品牌」這件事的看法。我所聽到的主要集中在下列幾點：

一、有心無力，盡量守住底線

在行銷與品牌的基本觀念上，台灣企業其實具備相當不錯的基礎，尤其現在的資深管理層對於品牌的重要性及品牌最起碼該有的一致性等，都有一定的理解與素養。但面對當前相對艱難的市場環境，求生存早已成為第一要務，品牌這件事，不得不面對大量的妥協。

在各種行銷與傳播工作的討論中，品牌愈來愈少被提到，而更迫切的話題，往往是如何用最少的錢創造最大的聲量。在品牌的延續性上，能夠堅持至少在形式上做到（像是logo〔商標〕放法要統一，slogan〔標語〕不要忘了放），就已經算是很優秀了。

總體而言，外商公司由於旗下品牌通常有較嚴謹的全球規範，比較容易守住底線；本土品牌則多半缺乏明確的品牌遊戲規則，要在忙亂的日常中談一致性，往往成了一種奢求。

二、世代與觀念的斷層

世代差異造成了觀念的斷層，這不只是來自於從類比時代跨越到數位時代的技術環境差異，更來自於所處經濟發展階段形成的市場環境差異。

今天身處高位的管理階層在其專業養成階段，遇上的是經濟蓬勃起飛的八、九〇年代，外商公司大舉進入台灣市場，塑造出一整代專業人員的行銷觀念與品牌素養。而今天正處於社會中堅的年輕世代，則是與數位化和網路一起成長的一代。變化、分散、即時、彈性，是他們天生必須掌握的行銷邏輯與生存法則，與上一代比較按部就班、嚴謹縝密的思維模式大不相同。簡單來講，這形成了一種結果：資深者比較懂品牌，但腦袋傳統；年輕一代想法活潑跳躍，但沒有什麼品牌觀念。

三、碎片化的操作與人員養成

數位世代重效果、輕品牌的現象，其實並非台灣所獨有，這問題在中國大陸市場更嚴重，也因此近年出現「品效合一」這個似是而非的流行語。然而一切的癥結，就在於「碎片化」這件事情上。

媒體環境以及消費者行為的碎片化，注定了所有行銷人都要捉襟見肘，對企業方來說，新的平台與工具就像打地鼠遊戲裡的地鼠不斷冒出來，只能一直尋找新的專業代理商來協助，結果同一個品牌在臉書、LINE、官網出現的風格各自為政，只能由客戶自己七手八腳地扮演整合者的角色。而身在各種行銷崗位或代理商裡的年輕人們，生在這個一切急迫的年代，永遠被立即見效的需求追著跑，「二十四小時為銷售而生」。

漸漸地，行銷與傳播專業的養成，只能圍繞著數位行業奉為圭臬的三T打轉，三T包括Talkability（話題性）、Traffic（流量）、Transaction（成交），年輕人光要學會當中不斷冒出來的新玩意兒，時間就已經不夠用。再加上企業與代理商之間的關係也愈來愈碎片化，工作項目全都是依案發包，一兩百萬的案子也會有一堆代理商參加比稿，比下來的案子又都要包山包海……結果就是惡性循環，從作品品質到人員素質，一切走向速食化。

我們身邊一切的數位化，只會如摩爾定律（Moore's law）般，義無反顧地繼續加速前進。如果是這樣，這一切是否注定為一條不可逆的不歸路？三T是否將是行銷的最終歸宿與終結？如果是這樣，我們還需要在乎品牌嗎？或者說，我們還需要學習行銷嗎？如果是這樣，是不是將如很多人所說——品牌已死？甚至，行銷已死？

談到這裡，我想舉一個反面例子，就是我的老東家「台灣奧美」一手塑造起來的傳奇：全聯福利中心。

艱難市況中，更需要軟實力與競爭力

二〇二一年初，我才聽到一個讓我覺得很恐怖的消息，就是根據調查發現，全台灣在過去一年內曾去過全聯福利中心的人達到九九％！我知道全聯很成功，但沒想到已經成為這樣一個超級巨頭。它的成功靠的是低價及聰明的展店策略，但真正關鍵的是它的品牌。

品牌本來就是商業戰爭的根本武器之一，只是現在大家都忘記了，因為我們太忙、太累，總是消耗在無止盡的三T戰爭中，忙到只記得盯著眼前的那一棵樹，卻無視於周圍的一大片森林；我們只專注於迎面而來的一場場戰役（battle），對於身處整場戰爭（war）的戰略方向卻一片迷茫。

但是，在眾人皆醉的混戰之中，還是有些人留了一個心眼，在品牌這件事上用心、用力。結果創造了許多令人驚豔的成功與奇蹟，包括全聯，以及一開始提到的那些名字。

有意思的是，愈是處在艱難的市場狀況，愈是身陷於看來希望渺茫的同質化荒漠，那些逆勢範例的成功就愈是與品牌脫不開關係：在超市這個老通路裡，全聯這個已經沒什麼人在意的老品牌竟得以脫胎換骨，反敗為勝；儘管機車市場早已飽和，競爭格局早已固化，卻憑空殺出一個輾壓一切的Gogoro；啤酒市場早就不再有驚喜，但原本芝麻大的金色三麥卻讓年輕人找到他們要的台灣味；老氣橫秋的航空市場因為星宇航空的出現，讓飛行這件事重新熱血了起來（偏偏一上場就遇上疫情這個悲情大考）。

品牌，正是行銷的起點與終點。作為起點，它是企業行銷戰略的大統合與凝聚點，確保所有人每天一點一滴的努力，都能朝向同一個正確且有競爭意義的戰略方向前進；作為終點，它是企業一切行為所創造出無形價值的終極帳戶，可以累積，可以延續，可以變成企業最有價值的資產。

如果從更大的格局看這件事，其關乎的不只是個別企業的價值，更與整個社會的軟實力和競爭力息息相關。說到底，品牌是看不見也摸不著的抽象價值。一家企業能夠建立一個強大的品牌，就能在所提供的實體商品與服務之上，創造極大的溢價空間，就像蘋果（Apple）一樣。一個經濟體中，如果眾多企業都能創造豐厚的無形價值與溢價空間，國力一定強大，經濟一定富裕。我們只要看看身邊的韓國，或是八〇年代的日本，乃至於法國、德國等，就很容易明白這個道理。

說到這兒，不得不為台灣抱不平。台灣有的是自由開放的氛圍、一流的人才、活潑的想法、專業的態度、認真踏實的商品，而且人人都很努力，但是為什麼我們不能創造更好的經濟表現，不能創造更大的利潤空間，得靠護國神山台積電這類高科技製造業來支撐國內生產毛額（Gross Domestic Product，簡稱GDP）？為什麼年輕人奮鬥得如此辛苦，卻依然過得苦哈哈，投入產出比如此之低，只能妥協與屈就於小確幸？「打造品牌的能力」當然不是這一切的唯一答案，但確實與一個社會創造無形價值的能力直接相關，是可以用來衡量軟實力的重要指標。這種軟實力不只會刺激國內的經濟活力，更能在走向國際市場時創造更強的競爭力，以及更大的市場空間。可惜的是，回到前面談到的市場現實，似乎整個環境反而正全力朝向扼殺這種軟實力養成的方向奮力前進，眼前的多數景象變得更破碎、更短視、更微利、更磨滅創造力。

在愈黑的夜裡，一點點的光芒更會顯得閃耀。我們需要更多的Gogoro、更多的金色三麥、更多的星宇，開始把天空照得更亮。

做好品牌，答案藏在科學裡

話說回來，如果品牌這麼重要，到底該怎麼做才能把它做好？傳統的觀念就是打廣告，所以要做好品牌就得砸錢；但在今天的環境中，這種方式成為一種奢求。如果你對品牌理論有所涉獵，也一定知道品牌建設不只是打廣告，更關鍵的是，要在消費者與品牌日常一點一滴的接觸中累積他們的品牌認知。這樣說還是很抽象，那麼究竟該從哪裡開始、從何下手呢？而面對當前碎片化到無以復加的數位時代，傳統的品牌理論與策略模式又該如何更新迭代？如何在「線上／線下」和「網路／無線」的環境中，提供大家簡單清楚的思考架構，讓一切具備更好的可操作性？

這些問題困擾了我好多年，因為我一直以來從事的所有工作都圍繞著品牌打轉。對於過去沿襲下來的觀念、做法與工具，已經明顯看到局限性與不足之處，面對新的數位時代，明明品牌很重要，卻發現大家陷入找不到新規律可以依循的困境。我遍尋這個答案，因為自己現實的工作需要，也因為覺得這件事實在很有趣，在花了大量時間挖掘和閱讀之後，終於找到了別人已經發現的新大陸。

答案原來藏在科學裡。

這些科學是什麼，我先賣個關子，因為書裡會被娓娓道來。我不是科學家，所以不可能去產出這些科學新發現。在這套材料的發展與這本書的撰寫中，我把自己當做是知識的整合者，有幸站在眾多大師的肩膀上，把不同領域的相關知識與科學研究，用我作為一個資深策略人員的行業經驗，整合成為一套符合科學證據又容易在行業內操作與落實的體系工具。對我而言，這是一段充滿驚喜的探索旅程。我因此才知道，原來科學界對大腦這一片內在宇宙有這麼多新發現；我才知道，原來消費行為背後有這麼多大腦運作的原理；我才知道，原來行銷的底層存在這些根本邏輯；我才知道，原來品牌是如何影響人類的購買行為。我希望在您的閱讀過程中，也會體驗到與我相同的發現之旅，並且樂在其中。

為了自己好用，也為了容易提供客戶與代理商們使用，我把這套體系設計得非常簡單而且工具化，十分容易理解、上手和操作。每一個步驟都有扎實的心理學或行為經濟學原理支撐，並加上一大堆案例的印證。我的目的非常簡單，說撥亂反正太超過，主要是希望能為行業裡的大家提供一個比較新鮮的視角，重新認識品牌的重要性，而且發現品牌其實真的可以玩得很有趣。然後，拜託大家，好好玩起來！多創造些有意思的好品牌吧！

第一部

重新認識品牌

為什麼會出現品牌這個東西？
有很好的產品就好了，為什麼還需要有品牌？
品牌究竟存在於哪裡？

第一章
品牌之謎

讓我們從一個最簡單的問題開始討論：世界上為什麼會出現品牌這個東西？在市場與商業的演進過程中，有很好的產品就好了，為什麼還需要有品牌？

品牌是消費者的效率

其實，品牌就是效率，是對消費者而言的效率，也是對企業而言的效率。

對消費者而言，有了品牌，我們才能簡單方便地用最省時省力的方式，辨識出品質比較有保障的商品，最小化我們的試錯成本。在還沒有網路的時代，當時去台中要買太陽餅，一定會去「太陽堂」；在台北要吃到好吃的滷味，就會去「老天祿」；到大溪吃豆乾，「黃大目」或「黃日香」是首選。因為這些品牌，就能避免買到難吃的太陽餅、糟糕的鴨舌頭、吃了想罵人的豆乾。這就是效率。

近幾年有一派理論認為，在網路普及的今天，因為一切資訊變得透明，消費者能夠隨時隨地取得任何商品的真實評價與使用經驗，因此品牌不再重要，人們將不再需要用品牌來幫助他們分辨產品的優劣與可信度。這派的代表著作是史丹佛大學教授伊塔瑪．賽門森（Itamar Simonson）與埃曼紐爾．羅森（Emanuel Rosen）合著的《告別行銷的老童話》（*Absolute Value*）。這個說法不無道理，也確實反映了人們消費路徑的改變以及品牌某些功能的稀釋，但事實上卻忽略了人腦運作方式對於消費行為的決定性影響，以及品牌在其中發揮的必要功能；或者說，忘了我們人類有多懶（在此聲明，這仍是一本非常值得一讀的好書）。

我們的大腦有一個重要的本能，就是會盡可能節省能量的消耗，能省力就會盡量省力。每當生活上出現需求，大腦在一瞬間就會在記憶中翻找可能的解決方案，如果這個答案能隨著直覺閃現，我們便會感到舒暢與放鬆。品牌，往往就是這個直覺答案的關鍵標籤。關於大腦與品牌之間的關係，後面還會有很多更深入的討論。其實說穿了，問題很簡單：你是寧可讓大腦輕鬆簡單地馬上給你一個答案，還是比較願意一次次打開手機去搜尋老半天，找到一個解決方案？

品牌是企業的效率

品牌，既是消費者的效率，更是企業的效率。品牌除了能幫助企業提高消費者辨識自家商品的速度，更重要的，品牌還是能夠累積的資產。品牌每一次出現在消費者眼前，都是在刷新他們大腦中對品牌認知的深度與鮮明度。如果能夠聰明地經營品牌，刻意去累積人們心目中的品牌認知，就像一點一滴存錢一樣，你會存下一大筆財產。

桂格創辦人約翰．斯圖亞特（John Stuart）曾說過一段很有代表性的話：「如果我們的生意要拆夥，我會選擇保留品牌、商標和商譽，你就把其他一切廠房設備硬體等全拿走吧。到最後，我會賺得比你多很多。」品牌帶來的效率，不只是企業層面累積資產與財富的效率，更是生意與行銷的效率。透過一點一滴的累積所創造出來的品牌力，能在每一次的行銷活動中發揮重要的槓桿支點作用，讓你用比對手更少的力氣創造更大的溝通效果。

就拿電腦來說，開學季是電腦銷售的旺季，設想一下，你走進一家三C賣場，面前有左右兩家店，都在主推一款幾乎一模一樣（配備、外型、大小、重量、價錢都相同）的最新款筆記型電腦，唯一的差別在於，左邊這家是你知道的知名品牌，比方是華碩，右邊這家是你從未聽過、名不見經傳的小品牌。假如兩家店都努力吸引你這位想買新筆電的顧客，右邊這家想要說服你成交，花上的力氣可能是左邊這家華碩的十倍以上，雖然兩邊賣的電腦品質其實一模一樣。作為大品牌的華碩，可能只需要輕鬆做一點簡單推銷就能打趴對手，讓你買單。這種例子在我們身邊可說是不勝枚舉。

關於品牌溢價能力、慣性動能和B2B

品牌帶來的效率還有一個非常重要的層面，就是「溢價能力」。道理很簡單，有品牌的東西比沒品牌的東西值錢，大品牌的東西比小品牌的東西有價值。於是，當企業投入的成本相同，具有品牌力的商品總是能賣到比較好的價格，直接提高了單位成本的投資報酬率，這是經營效益上的效率。尤其當面對價格戰的時候，競爭對手之間因削價競爭而拚得你死我活，但具有品牌力的品牌就是能堅持在相對高的價位上，因為消費者永遠不會只看價格，也會在乎品質，而品牌就是品質的保障。另一方面，在與通路談判時，品牌力也是能讓你挺直腰桿、頂住壓力的關鍵籌碼。

對公司總經理或行銷主管來講，擁有一個足夠健壯的品牌還有一個很實際的好處，就是能夠帶來安全感（除非有意外事件發生，否則隔年的銷售量不太會有突然的大幅衰退，這對於生意進一步成長是一個重要的基礎）。一個在市場站穩腳步的品牌，就像已經加速到穩定高速的高鐵列車，具備了繼續向前跑的慣性與動能，而品牌力就是這個推動速度的作用力。就算第二年刪除了所有的行銷預算，品牌的銷售也不會有太巨大的跌幅，因為品牌的動能不會瞬間消失（除非你停止投資很多年）。這對企業而言是一項重要的價值，它能保障整體業績長期穩定，避免坐上令人心臟病發的雲霄飛車。

講到品牌的這些好處，還有一個我經常被問到的問題：「品牌在B2C這類架構的消費市場上很重要沒錯，但我做的是B2B的生意，品牌的影響力有那麼大嗎？」其實前面講到的每一件事，包括品牌是消費者和企業的效率等，在B2B的世界裡，道理都是一樣的，甚至就某些層面而言，在B2B的市場裡，品牌相對更重要。

根本的前提是，在企業所有採購行為背後的決策者還是人，所以基本的思維邏輯並無不同。然而，採購行為往往涉及更多的層級以及當中的責任承擔，所以通常更不能忍受風險。

從前我在奧美的時候，公司配給員工的工作電腦都是Thinkpad，因為那時Thinkpad是奧美的長年客戶，而愛用客戶的產品一直是奧美的優良傳統（不過這幾年奧美已經全面更換了電腦品牌）。但我們也發現，其他很多公司也都選擇使用Thinkpad電腦，而Thinkpad從來不是最便宜的選擇，那為什麼會如此受到企業的青睞？只因為它黑黑的樣子看起來更像商用電腦嗎？當時的Thinkpad服務團隊告訴了我當中的洞察。一般企業的電腦採購者是IT人員，他們當然最懂電腦，但對於採購這件事，沒人想要冒險。與其推薦不同的選擇，結果出了問題被同事或老闆質疑，還不如挑選最大且最具代表性的品牌，這樣就不會有人有意見。而這個最能讓所有人閉嘴的品牌，就是Thinkpad。對IT人員而言，Thinkpad就是選擇的效率，不需要多費唇舌或反覆評估，就能有一個皆大歡喜的購買決策。從這個例子就能簡單看到，在B2B的世界裡，品牌力可能反而更重要。

當然，對品牌方而言，品牌在B2B的生意上一樣是效率的來源。能夠養出一個像

Thinkpad這麼強大的品牌，在行銷上就能節省大量力氣，尤其在相對保守與傾向規避風險的商業市場裡，這樣的品牌餘蔭往往可以延續好多年。（可惜的是，這些年Thinkpad在商務市場的占有率逐漸消退。最明顯的就是飛機上商務人士所打開的電腦，雖然還是有不少Thinkpad，不過總會看見好多亮亮的蘋果標誌，點綴在機艙的昏暗中。）

從慣常模式看品牌建立

前面談到品牌是消費者的效率，也是企業的效率，所以回到原點來看，品牌的存在本來就是為了讓企業的市場行為得到更好的效果與效益，然而這似乎再明顯不過的道理，在今天這個時代卻變得異常模糊。

在中國市場，近幾年有一句在行銷圈很流行的術語——「品效合一」，意思就是要把品牌與效果這兩個目的兼顧好。其實這個詞的出發點是好的，但在根本的邏輯上，我一直感到很困惑，因為品效本來就是一體兩面，怎麼會硬生生被拆成兩個對立的概念，然後又特別將它們「合一」？這正反映了當前非常扭曲但普遍的品牌觀念，即投資品牌，見效太慢，不如先好好創造銷量再說吧。仔細推敲，這個觀念的形成有個關鍵原因，就是許多人都把「品牌」與「品牌廣告」畫上等號，認為品牌形象的建立靠的就是品牌廣告。既然品牌廣告很花錢又見效慢，品牌也就跟著被認為見效很慢，於是「品」和「效」就分了家，才冒出了「合一」這個奇怪需要。那麼，「品牌廣告等於品牌」這個誤解又是怎麼來的？這就得從業界傳統的品牌工作模式說起。

當企業有了一個品牌的需求，通常會找一家代理商來負責，通常是廣告公司（如果客戶本來就有簽約長期合作的廣告公司，就會直接把這樣的品牌工作交給他們。而廣告公司也會義不容辭地說：「這個我們當然會！」然後再來搔腦袋看看該怎麼辦）。如果客戶希望專精一點，也可能會找一家顧問公司來負責。當然，如果再慎重一點，也可能透過比稿的形式來決定合作對象。

第一步的工作一定是擬定品牌策略。形成策略的過程，就是一個資訊從輸入到輸出的過程。為了了解客戶的企圖和生意的格局，工作團隊會進行大量的資訊收集與分析工作，通常包括公司管理層的訪談、市場訪查、消費者調查、市場資料與趨勢分析、競爭對手研究、全球案例參考等，為的就是透過對於全盤現況與前景的掌握，找到品牌未來最有利的一個戰略性位置與前進方向。

通常這一大堆資訊如何被消化，並構建成為一個邏輯，以形成或匯出策略觀點，是一個高度複雜且沒有絕對答案的過程。在許多廣告公司裡，為了讓這個過程順暢並確保產出品質，就會設計一些策略思考的工具與模型來輔助策畫人員作業，並避免遺漏重要資訊。不過，通常這些工具並沒有辦法像把原料倒進麵包機就做出麵包一樣直接產出一個策略思路，其實最終需要的往往是策畫人員的專業知識與經驗，尤其是對行銷與品牌理論的深度掌握，以及對人性的洞察，再加上一些創意的靈感，慢慢地把最終的方案給揉出來。所以，我覺得策略工作更像是一門手工藝，需要的是手藝人般的經驗與手感。

當然，策略不該是獨角戲，眾人參與的深度討論與腦力激盪，通常能讓產出更高效精彩。

誰來決策品牌策略？

當品牌策略形成後，接著就是向客戶提案。經過提案、討論、修正，最後把大家都同意的品牌策略定下來。

關於品牌策略提案，順便補充一個建議，即品牌策略一定是企業戰略級的決策，須由品牌的最終總負責人來定案，通常是公司執行長或總經理；如果企業旗下品牌眾多，決策者也可能是最終負責品牌的品牌總經理、協理或總監。正因為這項決定至關重要，千萬不要透過各個層級逐步審核的方式來決策，也就是讓提案方一關一關提案、一關一關修正。在這種過五關斬六將的過程中，往往會因為要妥協於眾人的意見，結果把策略磨得愈來愈不尖銳、愈來愈平庸，反而流失掉一些精彩、犀利的可能性。執行長才看得出的好想法，可能在第一關行銷經理那兒就被扔進垃圾桶了。所以拜託各位執行長與管理者，請讓合作對象直接對你提案。在我的經驗裡，這是最有效率也能得到最佳產出的工作方式。

當大家都點頭同意，策略就完成了。等等，什麼叫完成？在策略提案的最後，一切的討論一定會集中在一句話，可能叫「品牌定位」或「品牌主張」，很多時候也可能已經是一句品牌標語或口號。當然，代理商會用一段文字，對於這句話背後的意念做一些闡述，一般最常稱為「品牌宣言」（Brand Manifesto，這是廣告人經常掛在嘴邊的難讀英文字）。如果時間允許，可能還會剪一支影片，把策略想表達的理念用動態視覺的方式更立體地呈現出來。這些都是演繹品牌策略的重要方式，在業界也都通用。

但我不只一次聽到客戶提出這樣的疑問：「所以我們弄了那麼久，結果就是一句話喔？」當然，品牌策略不該只是一句話，除了過於簡略之外，也無法把許多來龍去脈說清楚（再說，讓客戶花了上百萬元費用，最後卻只交付一句話，似乎說不過去）。為了能把品牌策略的內在邏輯完整呈現，行業裡有許多討論與表述品牌策略用的模型與工具，通常都是許多行銷術語或品牌策略詞彙的排列組合。

品牌策略的三種基本模型

這些品牌策略相關的模型與工具，大致可以分為三個類型，適用於不同的狀況：

一、分析型模型

這種模型就是一步一步地把形成品牌策略的前端思考，透過邏輯的結構堆疊出來，其中一定會出現的項目包括「競爭者」、「目標對象」、「消費者洞察」、「利益點」（可能再分為「理性利益點」與「感性利益點」）、「支持點」、「品牌定位」或「品牌主張」、「品牌個性或調性」等（參圖1-1）。所以是把策略思考過程中的分析與推演，彙整成一個

圖 1-1　分析型模型舉例

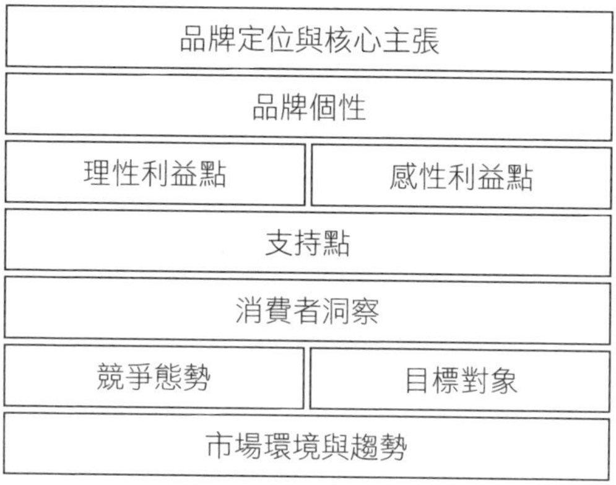

結論性的邏輯，而這樣的架構通常會設計成一張表格。未來不管誰讀完這張表格，就能了解這個品牌的策略是透過怎樣的分析與選擇一步步推導而來。

這種模型通常也與前面提到廣告公司的策略思考工具或模型的內容相通，因為它基本上包含了思考策略所需要考慮到的方方面面。

這類模型中，最具代表性的就是聯合利華公司（Unilever）的「品牌鑰匙」（Brand Key）。只要是聯合利華旗下的品牌，從多芬（Dove）到立頓（Lipton），都一定有屬於自己的這張身分證，嚴謹地定義了每一個品牌的核心戰略與獨特身分。如果是新誕生的品牌，也必須帶著這把鑰匙才能面世。這個經典模型，早已是行業裡發展品牌策略的參考與學習對象。

模型中對於每一欄的定義都有極嚴格的規範，而且所有元素之間必須達成緊密無縫的邏輯關係。當年奧美的策畫人員對著這個模型絞

圖 1-2　藍圖型模型舉例

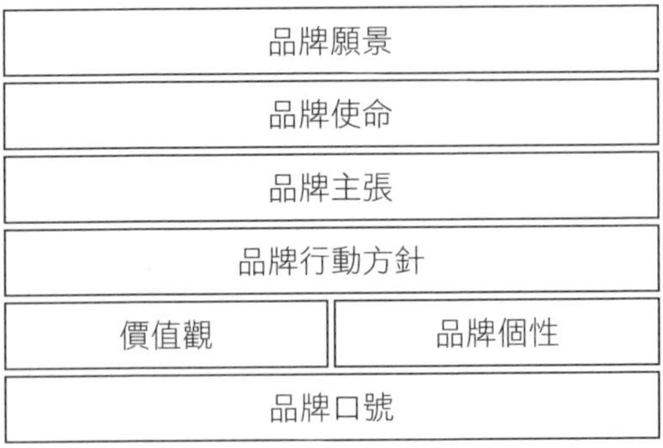

盡腦汁、挑燈苦戰的畫面，給我留下深刻的印象。如果你有興趣，只要 Google 一下「unilever brand key」，就能找到一大堆例子。

二、藍圖型模型

這種模型就是把品牌理念進行延伸，成為一種企業戰略的指導方針，通常包含企業層面的前端思考，以及價值觀層面的規範。模型包含的詞彙與欄位有非常多不同的組合，通常可能出現的字眼包括「品牌願景」、「品牌使命」、「品牌核心價值」、「品牌精神」、「品牌價值觀」等（參圖 1-2）。

通常這種模型應用於企業品牌的規畫，或者當商品與服務品牌就是企業品牌的時候。比方說，中國信託的「We are family」就是這個類型。而純商品品牌像是台灣啤酒的「尚青」，則比較適用於分析型模型。

這類策略站的視角較高，討論中最常遇到的糾結是名詞定義的問題，例如「品牌願景」與「品牌

圖 1-3　架構型模型舉例

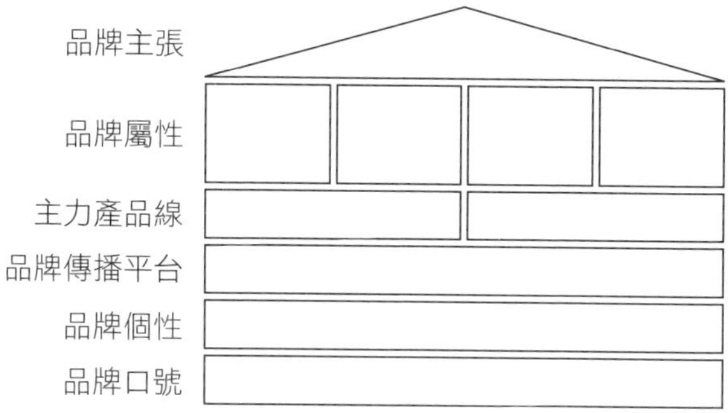

使命」究竟有什麼不同？品牌願景為什麼不能直接就是品牌主張？這類的唇槍舌戰與互相說服，往往是辯論過程中很折磨人的地方。說到底，有時候太多彷彿很有策略性的語言堆疊，看似華麗，實則空洞，反而減損了策略的清晰度。

三、架構型模型

這種模型適用於討論品牌的結構性邏輯與任務分配，可以想像成蓋房子——如果品牌是房子，那麼它應該如何被一層層架構起來（參圖1-3）。這類策略與前面提到的兩類並不是互相替代的關係，很多時候會作為前面訂下策略的延伸規畫或補充。

這類架構的內容有很多種，端視有哪些課題需要解決，所以通常架構的組成內容需要量身訂做，例如：

（一）用來整理支撐品牌主張的品牌屬性（brand attributes）：想像品牌主張是屋頂，下面需要幾根支柱來牢牢撐住。比方說，講到UNIQLO的品牌主張「LifeWear」，我就會想到它可能是由四個關鍵的品牌屬性所支撐起來的，包括科技、基本款、CP值、主流文化。在這樣的架構中，通常還會往下層層延伸到落實這些品牌屬性的產品線、宣傳內容等更細緻的規畫

（二）用來整理子品牌架構：如果企業規模龐大，在母品牌或集團品牌之下，許多各司其職的子品牌往往歷經一段時間的自然生長，會長成一團疊床架屋的混亂組合。通常當母品牌的策略重新釐定後，就會需要將這些混亂如麻的子品牌進行整理，我們稱之為品牌家族梳理的工作。這類架構比較用於整理與規範母品牌與子品牌間的關係，尤其必須包含如何透過子品牌們的不同貢獻，來實現母品牌的最終品牌主張的邏輯規畫。

（三）用來整理產品線架構：與第二項同樣面對的是家族結構性問題，但如果屋頂之下羅列的不是子品牌，而是相同品牌之下的產品線，則又是另外一種整理方式，不過基本邏輯與子品牌架構的整理工作類似，最終都是家族的族譜問題。

以上三種都是比較常見蓋房子式的架構型策略模型，當然還有其他的可能性，或是這幾種類型再交錯而成的混合型。在展現這些結構的邏輯上，全球業界發展出好多種不同的模型，房子結構型的品牌屋是最普遍的，另外還有品牌殿堂、品牌洋蔥、品牌羅盤、品牌金字塔等各式各樣的圖形，不過基本原理大同小異，呈現的都是層層遞進的邏輯關係。

無論是「分析型模型」、「藍圖型模型」或「架構型模型」，這三大類功能各異的品

牌模型都能用來演繹與規畫品牌策略，解決前面提到「品牌策略不該只是一句話」的問題。有架構與模型絕對是好事，能讓大家得到一個基本的思考框架，比較不會不知從何下手。但要注意的是，如果認為填完了格子就算是完成品牌策略工作，那就本末倒置了。架構與模型的用途主要是幫你整理在品牌策略上複雜深刻的思考，是一個精練簡要的彙總與呈現，而不是直達終點的捷徑。

講了這麼多，走到這一步，客戶與代理商手上總算有了一個成形的品牌策略。但到這裡為止，品牌策略還停留在辦公室裡，仍然只是紙上文章，還沒真正推向市場。一套新的品牌策略的落實，通常涉及接下來的一連串動作。

品牌策略的傳統執行方式

如果品牌的新策略涉及整體形象的全面更新，則免不了要對品牌識別（visual identity, VI）系統做一次翻新，這通常會是一項大工程。除了商標、標準色等設計工作之外，真正耗錢耗力的是企業裡裡外外的所有設計物更換，小到所有人的名片，大到所有產品包裝與店頭，全都得改頭換面。這種翻新必然勞民傷財，但從品牌建設的角度來看，「品牌識別」無比關鍵，這一點將在後面進一步討論。

就算品牌新策略不涉及品牌識別的改變，卻依然是企業的一件大事，所以一定會做的動作包括印製新的品牌手冊、進行對全體員工的內部宣講與活動。如果品牌夠份量，還可以加上一場對外記者會。

但做了這些還不夠，因為還沒有真正觸及品牌最關鍵的對象——消費者。一個品牌的新策略該怎麼告訴消費者呢？幾乎所有品牌都一定會做的事，就是創造一套品牌主題宣傳素材，可以簡稱為「品牌傳播活動」（brand campaign）或「主題廣告」（thematic ad），然後大張旗鼓地把它推向市場，以足夠的聲量，盡量確保品牌的主要消費群體都能夠注意到。

這類型的品牌傳播活動多不勝數，最有名的案例之一就是史帝夫・賈伯斯（Steve Jobs）回歸蘋果電腦時，為了重建蘋果的形象，並對內對外講清楚蘋果的未來方向，在一九九七年推出「不同凡想」（Think different）廣告（參 QR Code 1）。這部廣告史上的鉅作，戲劇性地成功扭轉了蘋果當時搖搖欲墜的聲譽，也如同北極星般引導了蘋果之後多年的前進方向，直到今天。

就像蘋果一樣，無數的品牌推出了用來宣示品牌新策略或新主張的品牌廣告，問題是，然後呢？常見的結果是，品牌傳播活動轟轟烈烈地打完了，似乎品牌建設的工作就完成了，接下來當然要回到日常「更實際」的工作上，也就是打產品、做促銷，該幹嘛就幹嘛。那品牌呢？放心，那一個新商標和新的響亮標語，一定會好好地出現在廣告畫面的角落裡與廣告影片的結尾上（可能還加上一個叮噹作響的品牌旋律〔jingle〕）。

當然，前面填好的品牌策略表格也會發給企業行銷人員與所有廣告公司人員，作為日常工作的指導原則。然而當更多的熱烈討論集中在三T時，這些表格其實指導不了什

QR Code 1

麼，如果客戶對於遵守策略沒有太嚴謹的流程與要求，通常不會有人太在意這項策略的指導，除了記得要把商標放在尾版與角落。

到這裡為止，就是傳統上業界最常見從發展品牌策略到進行品牌宣傳，會經歷的一般做法與歷程。這個模式已行之有年，到了今天的數位行銷時代，當然有一些操作層面的變形與更新，像是品牌平面廣告可能被一則互動網頁所取代，主題電視廣告可能換成社交媒體上傳播的微電影。但根本的邏輯與脈絡其實大同小異。

如果回顧整個過程就會發現，一切工夫最後的發力點幾乎只集中在一件事上，就是品牌傳播活動，成為大家心目中「打品牌」的唯一方式。久而久之，這種捆綁變成了條件反射，大家想到品牌建設就只會想到品牌廣告，於是兩者間牢牢地畫上等號。

但這個沿襲已久、大家照章行事的品牌發展模式有沒有錯？也許不能說有錯，更該問的問題是夠不夠有效？如果有效，為什麼成功的品牌如此鳳毛麟角？為什麼我們能記得的新品牌或品牌新主張如此之少（根據統計，大約八〇％的新品牌推出後馬上夭折，另外有一〇％的新品牌會在推出後五年內消失）？

其實並不是這套做法有錯，而是只做好這些還不夠。

賈伯斯的「不同凡想」十分成功，不過蘋果在品牌上的成功，遠遠不只是因為這一支廣告。

成功品牌之謎

我一直對一個品類感興趣，覺得很神祕，就是時尚品牌（fashion brands），尤其是那些全球頂級、歷久不衰的奢侈品品牌（luxury brands），像是路易威登（Louis Vuitton）、古馳（Gucci）、香奈兒（Chanel）、巴寶莉（Burberry）等。

我感興趣的不是它們的時裝與設計，而是品牌。我想大家都同意，這每一個響噹噹的名字，都是世界級的超級品牌，但你有沒有發現，裡面沒有一個品牌有所謂的品牌標語。多年來，我刻意收集過無數品牌的品牌策略，卻從來沒有看過這類品牌的那一張品牌策略。這是我一直覺得離奇的地方，因為它們不符合前面描述的行銷行業裡經營品牌的模式，卻依然能夠創造出一個個超級名牌，這是為什麼？

另外，我們的工作慣性也告訴我們，那一個直接訴諸品牌主題的品牌傳播活動是最重要的，因為它可以好好地把品牌的主張說清楚講明白，哪怕本質上有點「虛」；但偏偏有一些品牌幾乎沒有廣告，不只是沒有品牌廣告，連產品廣告都沒有，卻也能變成一個成功品牌。

比方說，大家都很熟悉的無印良品（MUJI）。回顧它的發展歷程，在日本本土偶爾會刊登廣告或舉辦活動，但在多數市場裡，它的廣告非常少，印象裡也不曾見到相關的品牌廣告。我想大家都會同意，無印良品是一個擁有獨特主張與文化的成功品牌，但確實也有違我們所習慣的運作模式，即不靠廣告，一樣可以建立強大品牌。

既然上面這些例外都能夠成立（這種例外還有很多），就是在告訴我們一個重要的事實：行業裡沿襲而來的慣性操作，不一定是全部的真理，甚至不一定最有效；或者換個角度看，品牌能夠成功的某些祕訣與原理，其實存在於我們視為理所當然的舒適區之外。

放血治療的終結

我非常喜歡寫了《品牌如何成長》（*How Brands Grow*）這本書的拜倫．夏普（Byron Sharp）教授舉的一個例子：在長達兩千五百年的時間裡，西方的醫術一直相信「放血治療」是救治病人的最有效方式，甚至相信放血有益身體健康。在缺乏科學驗證精神的年代裡，一代一代的醫生就基於這個沿襲下來的理論，為各種病人進行放血治療，事實上卻害死了千千萬萬的生命。像是美國總統喬治．華盛頓（George Washington），就是死於醫生太努力放血治療。一直到大約八十年前，現代科學走進醫療領域，才結束這種可怕的治療方式，而醫生不再給病人放血，而是輸血。

這個故事讓我忍不住聯想，我們這麼多年來在品牌上視為理所當然的慣性做法，是不是就屬於一種放血治療？而那些成功的例外當中，是不是隱藏了更深刻的原理、祕訣甚至真理？

如果品牌的成功不靠廣告，那應該靠什麼？

如果品牌策略不是光靠那一張表格或一句標語，到底什麼才是有效的品牌策略？

品牌策略到底該如何落實？

品牌策略到底是什麼？

品牌到底是什麼？

既然品牌是效率、是資產、是溢價能力……，既然品牌這麼重要，如果能找到這些答案，如果能掌握品牌成功的祕訣與原理，不管是企業或者個人，將得到所向披靡的利器。而這就是我寫這本書的目的，我要把上面這些問題的真正答案告訴你。

正如同放血治療的終結，這一切的解答都來自於「科學」這個好東西。

人類一直都對腦袋裡裝的一團如兩個拳頭大小的肉充滿好奇。過去二十年來，因為功能性磁振造影（Functional Magnetic Resonance Imaging, fMRI）等技術的逐漸成熟與普及，科學家終於得以確實掌握大腦對刺激的反應和對行為的影響方式，我們也因此找到更多證據，證明過去一些正確或完全錯誤的消費行為和行銷理論，樹立了新的準則與規律。到今天，我們也才終於找到經營品牌的科學原理。

接下來，透過大量的科學證據與案例，我會從科學有效性的角度，重新架構品牌策略的思考模式、組成方式和操作技巧，帶你走進一個全新體系，用清楚簡單的邏輯認識現正走在世界尖端的品牌新科學。

一切從我們的大腦談起。

小提示·大重點

這是第一次在書裡出現的單元，讓我說明一下它的用途。

這裡整理的不只是本章的重點，更運用了一些心理學技巧，幫助你更容易回憶與記憶每一章的重要知識。人類並不擅長記憶抽象概念，而比較記得具體事物，例如品牌、案例、故事、細節，所以我刻意將每一章的主要知識點和與之相關的具體故事，整合成條列式的要點，如此能幫助你很容易就回憶起整章的脈絡，以及當中需要記得的所有重點，方便複習，也容易按圖索驥、找到相關內文細讀。

- 太陽堂的太陽餅、老天祿的滷味、黃大目的豆乾——品牌是消費者的效率。
- 桂格公司創辦人說：「如果我們的生意要拆夥，我會選擇保留品牌、商標和商譽。到最後，我會賺得比你多很多。」——品牌是企業的效率。
- 品牌帶來的效率反映在溢價能力上，能直接提高單位成本的投資報酬率，還讓你在與通路談判時更有籌碼。
- 品牌帶來的效率反映在銷售的慣性動能上，避免讓你坐上令人心臟病發的業績雲霄飛車。

- 大公司的IT喜歡採購 Thinkpad 電腦，因為買最大、最有代表性的品牌，就不會有人有意見——B2B的世界裡，品牌甚至更重要。
- 品牌策略不能只是一句話；一般的品牌策略有三種常用的基本模型：分析型、藍圖型、架構型。
- 傳統上品牌落實工作的發力點幾乎只集中在一件事上，就是品牌傳播活動。結束之後，品牌策略的痕跡往往只剩下出現在廣告角落和影片結尾的商標及標語。
- 「品牌見效慢」觀念的由來：許多人把品牌與品牌廣告畫上了等號，認為品牌形象的建設，靠的就是品牌廣告。
- 時尚品牌沒有品牌策略與品牌標語，卻依然能夠創造出一個個超級名牌。
- 無印良品幾乎沒有品牌廣告和產品廣告，卻能成為成功品牌。
- 近二十年來，科學家對大腦的運作原理有許多新發現；品牌發揮效果的祕密，原來藏在科學裡。

第二章

活在你大腦裡的品牌

有一個古老的哲學問題是這樣的：在一片空無人煙的森林裡，有一棵大樹倒下，但是周圍沒有人聽見，那麼大樹倒下時，有沒有發出聲音？

這個問題也可以這樣替換：有家公司推出了一個品牌，但是消費者都沒印象，那麼這個品牌到底存不存在？

我的答案是「不存在」。我想用這個答案來討論這件事：品牌究竟存在哪裡？

品牌到底在哪裡？

品牌的起點，是一連串物理元素的組合，包括名稱、商標、顏色、產品、包裝等，這些物理元素可以為製造商所擁有，但這些元素都只是符號，還沒成為品牌。只有當這些符號進入消費者的大腦，產生了意義與聯想，它們才能變成品牌。

品牌的本質其實非常抽象，它是人的腦袋裡一連串概念、印象、記憶、聯想、感覺的混雜組合。當這團混雜組合形成，就會產生意義，再連結上名稱與商標等物理元素，才讓這些物理元素擁有了意義。

如果你不認識可口可樂（Coca-Cola），它不曾在你心中留下歡樂喜悅的氣氛、刺激口感的記憶、冰涼暢快的感受，充其量那只是一罐紅色包裝、不斷冒著氣泡的深色糖水而已。所以品牌真正存在的地方只有一個，就是人的大腦。

當品牌裝進幾十個人的腦袋裡時，還算不上是一個品牌；能裝進成千上萬個人的腦袋裡，勉強算是一個品牌；能裝進全國乃至於全世界人的腦袋裡，才稱得上是成功的大品牌。

所以，究竟誰擁有品牌？

品牌不在老闆的保險箱裡，不在企業的財務報表裡，不在廣告公司的電腦裡，更不在臉書粉專裡。品牌在消費者的腦袋裡，只有消費者能擁有品牌。

企業與廣告公司的工作與責任，就是去塑造與管理在消費者大腦中的那一個品牌。這讓我想起行銷界的一句名言：「每一個品牌都有一項產品，但不是每一項產品都能成為一個品牌。」

如果你的品牌還沒走進消費者的腦袋裡，它只是一個名字，算不上是一個品牌。所以我們要認真討論品牌管理的工作，就得從品牌的棲息之所——大腦——開始談起。品牌，究竟怎麼裝在大腦裡？我們的大腦又如何認知事物、認知品牌呢？

身體裡的兩個自己

告訴你一個聽起來有點驚悚的事實：你知道嗎，你的身體裡住著兩個不同的你。

我們先來做個實驗。請看看圖2-1，告訴我，上面方塊中央的小方塊與下面方塊中央的小方塊，兩者的顏色一樣嗎？

圖 2-1
中間方塊顏色相同嗎？

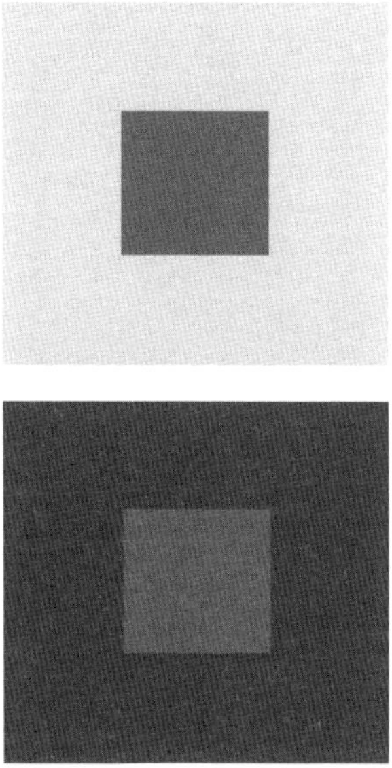

我想你猜得到，既然會這樣問，表示兩個小方塊的顏色應該是一樣的。但你也會同意，在你眼裡，它們看起來就是不一樣，即使理性上你相信它們的顏色是一樣的。

先公布正確答案：你猜的是對的，兩個小方塊的顏色一模一樣。你可以試著遮住兩個小方塊周邊的大方塊，就會看見小方塊的顏色很神奇地變成一樣了。

這張圖不只是一個好玩的視覺誤差遊戲，這是行為經濟學（Behavioral Economics）之父、諾貝爾經濟學獎得主丹尼爾・康納曼（Daniel Kahneman）在二〇〇二年諾貝爾獎的頒獎典禮上，用來向大家說明人腦運作機制的示意圖。他提出一個最重要觀念，就是在大腦的日常運作中，有兩個系統在同時運行，一個是「系統一」（System 1），一個是「系統二」（System 2）。

系統一是我們大腦中的自動導航系統，除了處理我們呼吸、心跳、荷爾蒙釋放等生理機制之外，更重要的是，主宰了我們日常所有的決策與無意識行為。系統一讓我們不需經過思考，就能立即做出判斷與反應，像是在人潮洶湧的人行道自動閃避前進，或是瞬間察覺你的另一半不太對勁的情緒，還有就是在貨架上決定要買哪個牌子的牛奶。用最簡化的解釋，也可以把系統一視為我們平常講的「直覺」或「潛意識」。

系統一存在的目的，是將我們大腦的能量消耗最小化。在演化過程中，為了讓人類這個物種逐漸發展出更多的能力、應付更多的變化，卻不會造成能量消耗超負荷，人類的大腦逐漸形成系統一的機制，讓我們能在最短時間內，用最少的精力做出立即的自動判斷與反應。根據估計，系統一可以在一秒之內處理一千一百萬位元的資訊，簡直就是一台超級電腦。

但這台超級電腦存在於我們的意識之外，無法用意志控制，所以我們的思維與思考無法意識到系統一的存在。但它包辦了日常生活中九五％的決策（甚至有科學家認為這個比例是九九％以上），尤其是購物決策，小到選擇一包口香糖，大到選擇一輛車，其實都是我們不知道的系統一在幫忙決定。

而系統二呢，則是大腦中理性思考的機制，也就是日常都能感覺得到的思維。當你思考事情的時候，像是在計算一道數學題、在想晚上要煮的紅燒肉需準備哪些材料，或是像我一樣，對著電腦思考稿子該怎麼寫的時候，用的就是系統二。

系統二不像系統一會一下子直接跳躍到結論；系統二重視的是邏輯與推理，所以速度特別慢，一秒鐘只能處理四十位元的資訊，而且很快就會讓你覺得累、感到辛苦。所以系統二其實非常懶，我們都會盡可能避免使用系統二，除非萬不得已，康納曼就曾這樣比喻：「思考之於人類，就如同游泳之於貓咪；要做都能做，但非不得已不做。」

大腦兩個系統的運作關係

下面這個簡單的例子，可以讓你感覺一下腦袋裡的系統一與系統二：

把你的出生年月日，依「二（或三）位／二位／二位」的數字，依序唸出來（不要寫下來），像是：「七八〇一〇一」。

這一定不費吹灰之力，因為這一組跟著你一生的數字早已滾瓜爛熟，可以不假思索，用不到一秒鐘的時間說出來。這就是用系統一得到答案的感覺——輕鬆、簡單，如直覺般舒暢。

再試著閉上眼睛，把同一組數字從尾數開始，依相反順序唸出來。

這當然也很簡單，但你一定會停下來想一想才答得出來。這就是用系統二思考的感覺，會讓你覺得有一點點卡住，需要用點力氣，所以你也會感受到些許的抗拒與不舒服，而這種抗拒與不舒服，就是大腦希望省力氣的愛偷懶天性。

上面這個例子正好也可以說明系統一與系統二之間的重要合作關係。開始接觸與掌握一種陌生行為，通常需要大量的思考與練習，這時候動用的是系統二。經過持續練習與重複，當大腦已經非常熟悉與熟練這個行為之後，就會慢慢改由系統一主導，也就是交給大腦的自動導航系統自動控制，以省下系統二的力氣。如果你天天練習倒著讀你的出生年月日，它也會慢慢成為你直覺的一部分。

此外，關於系統一的運作還有一個重要關鍵，那就是你永遠沒辦法關掉腦袋裡的系統一，也無法用理智去控制它或改變它的判斷。就像前面看到的兩個方塊圖，你再怎麼控制自己的眼睛，也沒辦法把兩個小方塊看成一樣的顏色。這個威力強大的系統一，對人類生活的影響面極廣，雖然大多數狀況下都能讓我們做出正確或無害的決定，但社會許多錯誤的判斷與偏見，其實都與系統一這種直覺與跳躍判斷有關，像是以偏概全或刻板印象等的問題。

如果你想對系統一和系統二有更深入的了解，那一定要讀讀康納曼這本重量級著作《快思慢想》（*Thinking Fast and Slow*），除了能帶給你關於大腦運作機制的知識，還能幫你打開行為經濟學這個新興學科的大門。

但話說回來，為什麼到了人類文明如此發達、連人工智慧都已經飛速發展的今天，我們的大腦卻還運作得這麼不精確？如果你問大腦，它會這樣（委屈地）回答你：「不好意思，我本來就不是為你們現代社會的生存需要而設計的。」

原始人的腦在幫你購物

現代人類大腦的功能模塊在兩萬年前就差不多發展完成，那時我們的祖先還處在冰河時期，沒有語言、沒有文字，他們在嚴酷的自然環境和野獸的致命威脅中掙扎求生。現在，你我腦袋裡裝著的大腦其實比冰河期的祖先還小了一〇％，當然，這不表示我們比他們笨（大腦愈大，不等於愈聰明）。從結構與布局角度來看，我們的大腦在那時候就已經基本定型了。

如果把眼光拉遠，回顧人類這個物種逐步演進的過去一百萬年，把百萬年濃縮成二十四小時的一天，你更能感受到我們的渺小：

前21小時	我們還在對彼此比手劃腳
21點35分	單詞出現，我們有了語言
23點	象形文字出現，語言終於可以書寫
23點59分	英語的二十六個字母總算齊全
午夜前15秒	攝影技術出現
午夜前8秒	人類打開了電視機
午夜前2秒	網際網路誕生
午夜前1秒	賈伯斯在台上拿起了iPhone

可以看見，在我們這個物種以百萬年計的發展歷程中，人類的現代社會與生活方式其實只是很最近的短短一瞬間。而消費社會與購物，也是在工業革命讓大量生產與大量流通成為可能之後才出現的新事物。但人類大腦演化的節奏可沒這麼快，我們天天在用的大腦，與冰河時期的祖先所擁有的，其實差別有限。

在艱難環境裡掙扎求生的繁衍過程中，為了能用最少的精力維持大腦最高效率的運轉，確保物種有能力隨環境應變、保住性命，大腦逐漸演化出幫助人類快速判斷事物的思考捷徑。

比方說，你的祖先正在散著步，突然看見一隻野獸衝過來，如果他還在思索「眼前這隻毛毛的動物，是不是跟上次吃掉隔壁歐吉桑的那頭熊一樣危險？」的話，今天可能已經沒有我們了（謝天謝地）。過去的觀察與經驗，讓大腦歸納出一條思考捷徑：看見又大又多毛還長著利牙的動物，趕緊拔腿就跑！這種捷徑會變成本能，也就形成了系統一，於是再遇到潛在危險時，我們的祖先會不假思索地立刻逃命，而不是杵在原地慢慢打量。

這套捷徑系統讓大腦不需耗費太多力氣，就能瞬間做出判斷與反應，於是讓人類能夠應付更多更複雜的狀況。因為捷徑都是跳躍式的判斷，難免會有不準確的時候，比方說祖先身邊的樹林閃過一個影子，祖先嚇得瞬間倒彈，以為是一隻劍齒虎，結果只是一根掉落的樹枝，雖然虛驚一場，但總比被吃掉來得好。所以雖然偶有誤判，但這些小瑕疵無損於系統一保護物種生存能力的巨大價值。

物換星移，兩萬年後的今天，你面對的生活環境與祖先截然不同：不需要在山林裡追捕獵物、採果子，也不需要和鄰村的人刀斧相見搶地盤；你努力工作賺取金錢，用金錢滿足吃飽穿暖的需求。只不過使用的還是與祖先差不多的大腦，具備差不多的機制，以及差不多的捷徑系統。

那麼，這和品牌有什麼關係？

品牌即框架

這裡有一件T恤（參圖2-2），一〇〇%純棉，做工、剪裁都不錯。假如你要在購物網站上購買，你覺得它值多少錢？

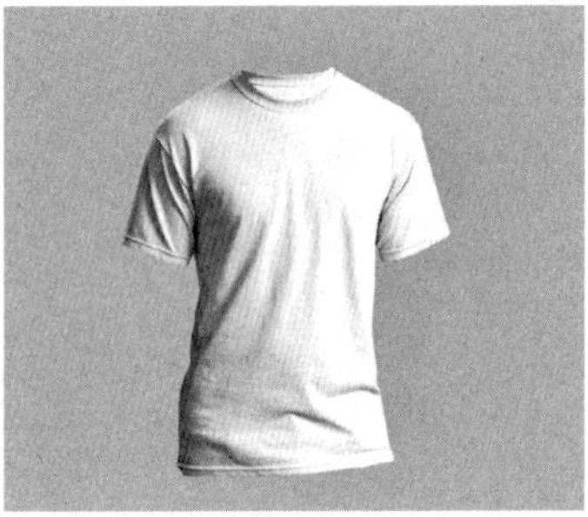

圖 2-2　這件 T 恤值多少錢？

下面還有兩件T恤（參圖2-3），與前面看到的一模一樣，材質、做工、剪裁都一樣，但是上面印了不同的圖案。告訴我，你覺得它們的價錢各是多少？

記得我以前服務過許多年的服裝品牌客戶，曾聊過這樣一個讓他們困惑的問題：「我們行內人，對於衣服的成本當然最了解。但真的很奇怪，同樣一件普普通通的衣服，貼上不同的品牌，價錢就可以賣得完全不同。那些花大錢買名牌的消費者，為什麼會覺得值得？」

根據我在各種課堂上問這一題得到的答案，大家對三件衣服的估價大概如下：第一件約一百至兩百元，第二件約八百至一千元，第三件約三千至四千元。我猜你的答案也相去不遠。平心而論，如果我們拿出理性來看待這件事，這些答案非常奇怪，明明知道它們是三件一樣的衣服，為什麼印上了不同的圖案，我們就接受它們可以被標上完全不同的價錢，卻依然覺得合情合理？

不過，回想一下看到前面第二和第三張圖片時心裡那一瞬間的直覺，你是否就是會感覺到這兩件衣服有不一樣的價值感？尤其第三件相較於第二件，就是會覺得它比較高

圖 2-3
印了不同商標的 T 恤值多少錢？

級、比較貴？這是為什麼？這種感覺是怎麼來的？

我們再來看看圖2-4：

圖 2-4
哪杯咖啡比較好喝？

告訴我你的第一感覺：哪一杯咖啡看起來比較好喝？

每個人都說「下面」。

你知道嗎？如果兩杯裝的根本是一模一樣的咖啡，不只是看起來，你連喝起來都會覺得下面那杯比較好喝。這是為什麼？

其實這正反映了我們大腦強大的原始機制：捷徑。當商品印上不同的品牌商標，我們擁有對每一個品牌的印象、記憶、認知、感受，就會瞬間透過捷徑直接投射到商品上。它們發揮的效果，就跟你祖先記憶中的大熊樣貌、劍齒虎花紋一模一樣。

圖 2-5　品牌讓咖啡有了價值感

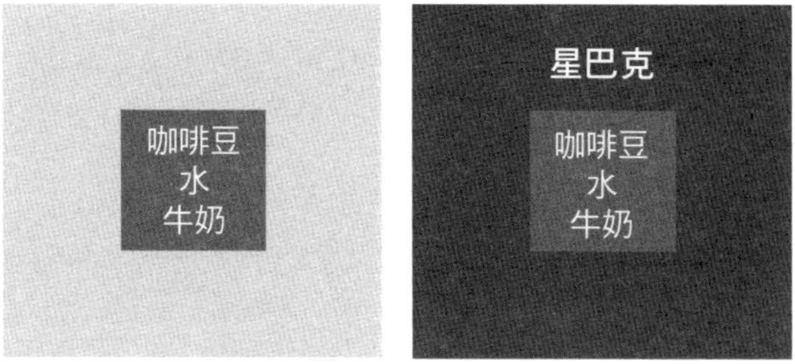

行銷大師菲爾・巴登（Phil Barden）曾經用前面討論過的康納曼方塊圖形，清晰地說明品牌所發揮的捷徑作用（參圖 2-5）。兩杯一模一樣的咖啡，就如同中間兩個小方塊，會因為背景元素的襯托而呈現不同的感受。說穿了，咖啡也就是咖啡豆、水與牛奶的組合，但是星巴克（Starbucks）這個背景框架，就會讓下面那杯咖啡有了不一樣的價值感。

而這就是行為經濟學的核心理論之一——框架效應（framing effect），即我們對於事物的認知與感受，都會受到包圍事物的框架所左右。框架就是一種捷徑，而品牌則是決定商品與服務價值認知的框架，如下頁圖 2-6 所示。

正如同前面討論這張圖的時候所提到的現象，你永遠沒有辦法關掉系統一，所以無法讓你的眼睛把兩個小方塊看成是一樣的顏色。相同的道理，如果品牌在你的心中已經建立起認知與價值感，看見前面印有商標的 T 恤時，你也沒辦法控制自己不去感覺這兩件衣服的價值不同。

圖 2-6　品牌即框架

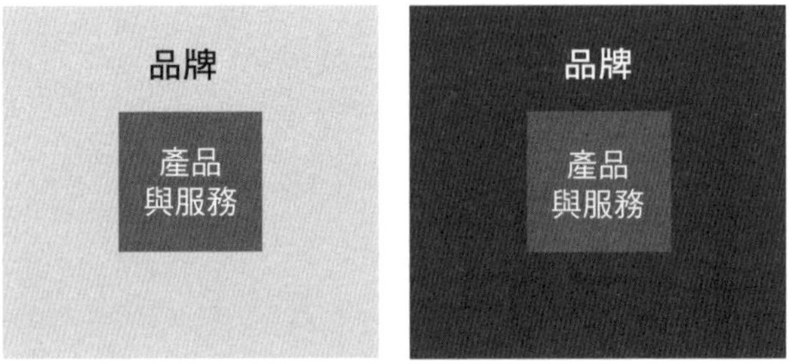

可口可樂不是贏在嘴巴裡

有一個行銷史上的經典案例，也反映了品牌的框架效應。

可口可樂與百事可樂（Pepsi）這兩個死對頭早已纏鬥多年，但百事可樂總是居於下風。一九七〇年代，百事可樂在經過一番測試後驚喜發現，多數消費者在盲測（受測者不知道自己喝的是百事可樂或可口可樂）時覺得百事的味道更好。這個石破天驚的發現，讓百事可樂在一九七五年於美國開展了一場叫做「百事挑戰」（Pepsi Challenge）的大規模宣傳活動。

他們在各大商場擺設攤位，複製他們進行過的測試，讓路過的消費者品嘗兩杯看起來一模一樣的可樂，然後挑選出比較好喝的一杯。最後謎底揭曉——噹啷！贏的總是百事可樂。這些內容也做成廣告及各式各樣的宣傳品，在美國大肆展開宣傳。

這波攻勢一下子讓可口可樂慌了手腳，一方面做了一些反證的實驗與宣傳，主張更多消費者認為可口可樂比較好喝；另一方面，這件事間接促成可口可樂在一九八五年推出「新可口可樂」（New Coke），創造了一場教科書級的行銷災難。

但科學家們有興趣的是，為什麼不知道品牌時，人們說百事比較好喝，看得見品牌時，又會說可口比較好喝？這裡面有許多團隊做過各式各樣的研究與實驗，其中休士頓貝勒醫學院（Baylor College of Medicine）重建了百事挑戰的實驗，讓受測者躺在功能性磁振造影的機器裡，一邊喝（用吸管）不同的可樂，一邊讓科學家觀察受測者腦部的變化。結果，他們的確證實了百事挑戰的結果。

盲測中的受測者口頭上說百事比較好喝，他們的大腦也呈現一致的現象，當嘴巴喝到百事可樂，大腦中的獎賞區域便開始活躍起來，活動力是喝到可口可樂時的五倍。所以，百事可樂真的比較好喝。

但是如果受測者喝的時候知道在喝什麼品牌，幾乎所有人都說比較喜歡可口可樂。觀察也發現，這時受測者的腦部活動不同於百事可樂所引發的反應，可口可樂能大幅提高的是腦中自我認同區域的活動。甚至有研究者偷偷給受測者喝百事可樂，但告訴他們喝的是可口可樂，受測者的大腦也會產生與喝可口可樂時一樣的反應。另外的實驗裡還發現，可口可樂品牌能夠透過大腦前額葉區的多巴胺，連接到愉悅中心並將之啟動，增加大腦愉悅中心的活動。也就是說，喝可口可樂能讓人更開心。

腦神經科學的驗證，證實了品牌框架效應的存在：百事和可口各是一個框架（參下頁圖2-7）。

圖 2-7　品牌框架的效應

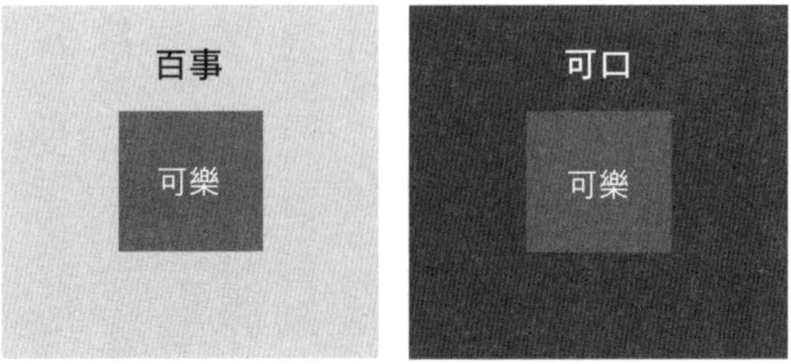

影響生理反應的安慰劑

品牌這個框架，比起產品本身，更會決定性地影響並改變人們對於產品的感受與大腦反應。在這當中，我們還能看到框架效應的另一層強大威力：即使喝到的是百事可樂，當你以為是可口可樂，生理上都會發生與喝到可口可樂時一樣的反應，因此框架效應能影響的不只是人的認知感受，更包括具體的生理反應。下面是一些科學實驗的例子：

- 把香草布丁染成巧克力色，所有人都說吃出了其實並不存在的巧克力味。
- 把維他命片放在阿斯匹靈的瓶子裡給病人服用，也能舒緩疼痛的感覺；如果病人被告知吃的藥比較高價，感受到的止痛效果會比便宜的藥來得好（雖然其實都是一樣的藥）。
- 一樣的即溶咖啡，做成不規則顆粒狀（取代原本的細粉狀），人們覺得更高級也更香醇。

・以為自己喝了一般咖啡的受測者，心跳與脈搏都出現加速反應，但其實他們喝下的是無咖啡因咖啡。

・科學家研究發現，用比一般貴十倍的 Riedel❶醒酒器裝過的葡萄酒，其品質並沒有任何改變，但酒客就是覺得 Riedel 把葡萄酒變得更好喝了。

在醫學與心理學上有所謂的安慰劑效應（placebo effect），就像前面說的維他命便發揮了安慰劑的效果。我們也可以這樣看，其實品牌就是一種安慰劑；透過品牌，我們會感受到自己想感受的東西，會嘗到我們想嘗出的味道。促成這個效果的原理，就是框架效應。

框架效應來自於系統一，這個在演化過程中早已形成的古老機制，到了今天成為現代生活中選擇品牌時關不掉的捷徑。我們身處的世界，是地球上有史以來最複雜且變化最多的環境，隨著身邊的資訊量繼續爆炸式地增加，我們每天所要面對的選擇、要做的決定也愈來愈多，從買瓶水要去 7-Eleven 還是全家，到叫外送要選擇 Uber Eats 還是 foodpanda，生活中龐雜紛亂的一切，只會讓每一個人承受更嚴重的認知超載，更傾向於依賴系統一來幫我們做出更多簡單、快速、不假思索的決定，讓我們少用一點腦力、少

❶ Riedel 是奧地利水晶杯的頂級品牌，擁有「酒杯之王」的稱號。

做一點選擇、少去麻煩用起來很吃力的系統二。正如同英國哲學家阿爾弗雷德・懷海德（Alfred North Whitehead）所說：「文明的進步，就是人們在不假思索中可以做的事情愈來愈多。」

夠好就好

這又會勾起另一個相關的話題：在今天資訊一切透明的時代裡，理論上我們是不是應該更能在購買上做出「最佳選擇」？或者像品牌已死論者所認為的，品牌不再重要，正是因為人們能夠透過對完整資訊的掌握，做出對商品選擇的最理想判斷？

事實上，就是因為面對的資訊太多、要做的決定太多，人們在疲於應付之際，反而多數情況下要的只是夠好（good enough）而非最好的選擇，因為在大部分的情境中，我們的系統一都能自動判斷出夠好的選擇，把問題輕鬆快速地解決掉。如果每一次的購買決策都要動用到系統二去找出最好的答案，我們可能會煩死而且累死。簡單如買衛生紙這件事，絕大多數的人買的只是某個OK的選擇，而不會想花大量時間精挑細選。

別以為這種偷懶只出現在購買低關心度的商品上。比方說，你想買一台掃地機器人，你可以選擇去評比市面上所有的品牌與機型，找到一個CP值最高的選擇；你更可能在網購頁面上刷了幾頁，或者看了開箱推薦文，就決定買台小米的算了（也許小米的掃地機器人不一定最優，但應該會是個夠好的選擇）。

判斷夠好，靠的是走捷徑的系統一，而系統一要判斷夠好，則品牌就是它關鍵的依據。所以對今天的行銷人而言，不但需要懂得去影響消費者的系統一，還需要懂得在系統一中建立起你的品牌框架，讓人們更容易選到你的品牌。

要讓品牌更容易被選擇、讓品牌能夠改變產品的價值感，甚至讓品牌成為安慰劑，足以影響消費者使用產品的物理感受，就要把你的品牌變成一個強大的框架。

品牌管理就是聯想管理

問題是，品牌的框架要如何形成？

前面曾經提到，品牌是概念、印象、記憶、聯想、感覺的混雜組合，但這些組合從何而來？還是拿大家熟悉的「星巴克」來舉例吧。想到星巴克，你會想到什麼？可能會有這些：咖啡香、綠色、星冰樂、商務、原木色、人文、環保、咖啡師、小資、熱情、綠圍裙、紙杯、商標、美國、沙發、悠閒、音樂、開會、月餅……，那品牌的框架是從哪裡來？就是從這堆看似混亂的聯想交錯揉捏而來。

品牌，其實是一連串聯想的組合，在人們腦中形成的一組抽象認知。而這些聯想，來自於品牌與消費者之間所有可能的接觸點，包括命名、設計、氛圍、包裝、價格、廣告、互動介面、客服……，還有很多很多。透過這一點一滴的日常接觸，我們不自覺地累積與強化品牌們在我們腦中的框架。

有一個比喻非常貼切：每一個消費者如同林中的一隻鳥，會到處隨機尋找材料回家築巢，今天可能銜了一根稻草，明天可能撿起一張紙片。你的品牌，就是牠要築的巢，但你永遠不知道牠會撿起你的什麼東西來築巢。要成功建立品牌，你就要想辦法確保每一隻鳥銜到的與你有關的雜物都很接近，都具有一致性，於是牠們所築出代表你品牌的巢的樣子都很接近，你的品牌才會有一致的樣貌。

所以，品牌或品牌框架的建立靠的絕對不只是廣告與宣傳，也不只是行銷部門與品牌部門；企業所做的每一件事，都是在塑造品牌。

而這些接觸點，這些消費者隨機信手亂抓的東西，有太多的可能性，很多時候與你的行銷或廣告完全無關。比方說，對我來說，如果提到戴森（Dyson）這個品牌，我就會冒出很多聯想：

- （長得像）外星人用的武器
- 粗壯，重量
- 太空船般的金屬感外殼
- 科學家
- 空氣動力學
- 壯士斷腕的電動車開發

其中來自於廣告與行銷的成分並不多，比較多來自產品外觀、使用感受，以及企業故事與公關報導等。可以想見，這些聯想是因人而異，而且持續保持動態。我尤其認同品牌顧問達瑞・韋伯（Daryl Weber）提出的這個觀點：「品牌管理，就是對於這一連串聯想網路的管理藝術。」

講到這裡，就可以解答時尚品牌成功的祕訣了。所有成功的時尚品牌，都是品牌聯想管理的超級高手。對於聯想的管理，靠的不是一份品牌策略，而是對品牌風格、調性與核心元素的嚴密掌握，再加上對於潮流及社會文化的預測，以及產品設計本身的努力與創新。你可以閉上眼睛，挑一兩個比較熟悉的時尚大牌，感受一下你對它的直覺：想起了什麼顏色？什麼調調？什麼符號？什麼經典設計？響起的音樂是什麼？你會發現，每一個品牌的這一系列聯想都不一樣，而且成功的品牌都很鮮明獨特。我最喜歡參考各大時尚品牌隨著季度推出的當季主題影片，在當中總能看見它們緊握不放的品牌痕跡，結合對於全球潮流與時尚的詮釋與演繹。

品牌在人們心中留下的聯想愈豐富、愈一致，品牌所擁有的框架就愈強大、愈扎實，品牌也就愈有影響力，也愈有價值。尤其當品牌擁有豐富的聯想時還有一個好處，就是更容易被挑選與消費，因為人們的大部分消費行為都是偶一為之。當品牌在人們心中建立了豐富的聯想，就等於品牌在人們的潛意識裡散布了大量觸角，一旦需求冒出來，觸角豐富的品牌自然更容易被聯想到，於是更容易變成首選品牌。

傳統品牌策略模式的缺陷

框架效應影響的是我們的系統一。前面提到，系統一存在於我們的意識之外，而傳統的品牌策略思考模式，非常聚焦於理性邏輯推論，其實是在跟系統二打交道，最後產出的策略，都是在傳遞一個與系統二溝通的訊息。我們都知道擒賊要擒王，但只與系統二溝通，等於只是抓了一個備胎軍師；真正主導購買決策的賊王，還逍遙在你的打擊範圍之外。無法觸及系統一，就無法創造與規畫你要的框架效應。

再拿前面討論的星巴克做例子。你也許知道，星巴克雖然沒有什麼品牌標語，不過有一個滿有名的品牌策略，也可以說是一個品牌定位，那就是「第三空間」（The Third Place）。星巴克把自己的角色，定義為每一個人在辦公地點與家之外的第三個空間，在這個空間裡，你可以享受悠閒、靜靜思考，可以相聚閒聊，當然更可以好好品嘗咖啡。所以嚴格來說，星巴克不是一個咖啡品牌，而是一個零售品牌，這的確是一個立意夠高也相當清晰的品牌定位。

但是想像一下，如果星巴克的整個團隊只是緊抓著「第三空間」這一個品牌策略，就去指導與展開星巴克方方面面的一切，它有可能長成今天的星巴克嗎？現在我們印象鮮明的星巴克氛圍、調調、氣質、風格，並不會因為「第三空間」這四個字而被指引出來。而今天星巴克品牌的強大，靠的不是這四個字（甚至多數人根本沒聽過），而是它獨有的氛圍、調調、氣質、風格，也就是它的框架效應，打動的是你的系統一。

目前的品牌思考模式還有第二個問題，就是常以單一概念來概括品牌。做我們這行的人都非常熟悉一個英文字：single-minded，就是要做到訊息單一，避免讓傳遞的訊息複雜且分散，才能有效達成溝通的目的。Single-minded 絕對是對的，尤其在傳播工作上，任何一件傳播素材都應該做到訊息單一，效果才會好。但是在品牌上，尤其在品牌的聯想上，不可能也不應該 single-minded。品牌策略或定位必須單一，但品牌聯想不能單一，相反地，愈豐富才會愈好（但不是發散）。

泰國是非常受到歡迎的旅遊地，現在請你閉上眼睛感覺一下，當我說到「泰國」這兩個字時，你的腦海中冒出哪些聯想與感受？你看見了什麼？聞到了什麼？想起嘴裡的什麼味道？皮膚感受到什麼溫度與溼度？周圍響起什麼音樂或聲響？如果把泰國視為一個品牌（其實每一個國家都是一個品牌），這些就是它豐富但一致的品牌聯想。

強大品牌的聯想除了非常豐富、不可能用一句話概括之外（泰國從二〇一五年推出一句品牌標語：「神奇泰國」（Amazing Thailand），算是概括得不錯，但仍遠遠不能涵蓋它豐富有趣的品牌聯想），你會發現，許多腦海裡冒出的畫面與感受其實很難以文字描述，只用文字描述品牌聯想，無可避免地會流失掉很多東西。這就是品牌聯想的本質：多元且抽象，用語言難以完全表達。

要突破這些限制，就必須打破傳統品牌策略規畫模式的框框，基於所有的科學新證據，重新建立一套思考與規畫品牌策略的模型。尤其是要解決傳統模式中的兩個關鍵問題：

一、如何超越純理性與意識層面的品牌思考？
二、如何掌握與描繪品牌抽象多樣的聯想？

從第二部開始，歡迎你進入品牌策略思考的新世界。

小提示．大重點

- 品牌不在老闆的保險箱裡，不在企業的財務報表裡。品牌在消費者的腦袋裡，只有消費者能擁有品牌。
- 系統一是我們大腦中的自動導航系統，主宰日常所有的決策與無意識行為。你無法用意志控制系統一，但它包辦了我們生活中九五%左右的決策。
- 系統二是大腦中理性思考的機制，用起來又慢又累。康納曼說：「思考之於人類，就如同游泳之於貓咪；要做都能做，但非不得已不做。」
- 原始人的腦在幫你購物：我們天天在用的大腦，與冰河時期祖先的大腦差不多。
- 三件一樣的衣服，為什麼只因為印上不同的圖案，我們就可以接受它們被標上完全不同的價錢？兩杯其實一樣的咖啡，為什麼你會覺得有星巴克標誌的就比較好喝？

- 品牌，就是決定商品與服務價值認知的框架；百事可樂與可口可樂各是一個框架，帶來的大腦反應大不相同。
- 框架效應能影響的不只是人的認知感受，更包括具體的生理反應；放在阿斯匹靈瓶子裡的維他命片也能舒緩疼痛，這叫安慰劑效應。
- 品牌的框架怎麼來？從一堆看似混亂的聯想交錯揉捏而來。
- 每一個消費者都如同林中的一隻鳥，會到處隨機尋找材料回家築巢。能讓牠們所築出代表你品牌的巢的樣子都很接近，品牌才會有一致的樣貌。
- 品牌管理，就是對於一連串聯想網路的管理藝術。
- 「泰國」這兩個字讓你冒出哪些聯想與感受？這就是品牌聯想的本質：多元且抽象，用語言難以完全表達。

停一停‧想一想

從第二章開始，我們進入到品牌思考的具體知識。我會在每一章結尾加上「停一停‧想一想」的段落，一方面讓你喘口氣，並回想一下身邊的相關案例，幫助你從自身經驗的角度，再反芻與感受一下前面提到的知識點；另一方面，也希望大家可以與我分享你想到的有趣案例，讓我能在未來進一步豐富這本書的內容（書的最後可以找到我的聯絡方式）。

- 在你身邊還有哪些形成了強大框架效應的品牌的例子？放進那兩層方框中，內框與外框各會填進什麼？
- 什麼品牌能讓你的腦海中冒出一連串有趣、奇怪但非常鮮明的聯想？把它寫下來（就像我對於戴森的奇怪聯想）。

第二部

品牌策略的新模式

品牌聯想要發揮的功能是什麼？
既然聯想都是抽象念頭與感覺，如何描繪與傳達？
而引導品牌聯想的品牌主張，又該怎麼發展？

第三章
品牌聯想

像下頁圖3-1這樣的冰山圖，經常會在不同的話題上，被用來比喻事物表面之下看不見的部分所真正代表的重要性與影響力。我們也可以用這張圖，說明前面提到的現有品牌策略思考的缺陷。

挖出冰山的下半部

我們所能意識到的系統二，就如同水面上冰山露出的一角。這是唯一能夠看見的部分，因此我們一直以為這就是全部。於是，過去的品牌策略只專注在這個意識所及的層面，以說服與邏輯推理的角度，來發展與定義品牌策略。

圖 3-1　冰山圖的思考

而你現在已經知道，真正左右我們消費決策的是隱藏在意識之外的系統一，就是冰山藏在水裡、更大更重的那一部分。要能夠讓品牌策略有更完整的思考與規畫，我們就必須把冰山的下半部挖出來，將影響系統一的品牌聯想納入品牌策略的規畫工作。這不表示我們需要推翻原本的品牌策略思考內容，冰山的上半部還是很重要的，尤其是理性的推論，一定涉及市場與競爭等非常關鍵的行銷邏輯思考，這仍是不可輕忽的一環。我們需要做的就是在原本的理性邏輯之外，加上對隱藏在意識之下的品牌聯想進行規畫與定義。

正如同冰山的上下兩半，我們可以把品牌策略的新模型先規畫成如下頁圖3-2。三角形的上半部是「品牌主張」，也就是原本品牌策略工作會從理性邏輯推論產出的結果；而下半部是「品牌聯想」，應基於上半部品牌主張的方向延伸發展而成。

圖 3-2　品牌策略新模型

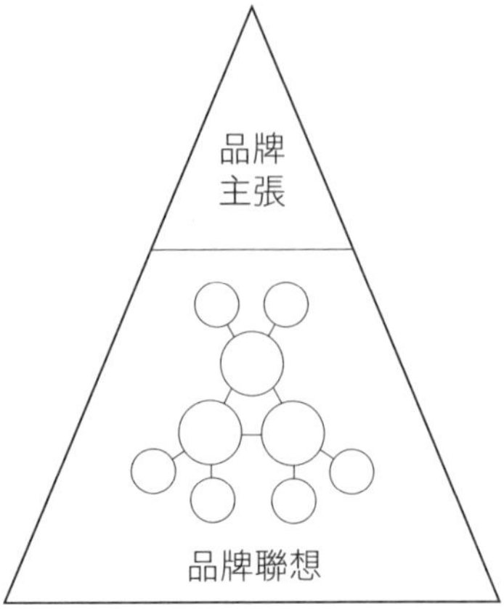

品牌聯想的目的，當然是為了用來影響消費者的系統一。但對於品牌方，包括企業主與廣告代理商，從協助品牌日常作業的角度來看，品牌聯想要發揮的功能是什麼？簡單來說，假如你負責的是星巴克，品牌聯想就是要在「第三空間」這個品牌主張與前提之下，規範與確保星巴克品牌的一舉一動，都能符合並長成它想要的樣子與調調。

或者也可以這樣看：品牌聯想就是要畫出一個「框框」，為品牌該留下的聯想畫定範圍。品牌要做任何動作，屬於在框裡的就可行；如果是在框外的，那就謝謝再聯絡。具體而言，品牌聯想會有下面兩個用途：

一、建立大家共同的語言與認知，讓品牌形象的塑造與管理有共同的目標、方向與邊界。

二、讓相關的所有人準確掌握品牌要呈

現的樣貌，以及哪些聯想應該或不應該出現。

從最後產生的結果來看，也就是要透過品牌聯想，去定義好我們希望消費者「一想到這個品牌就會產生的一致感覺」。

抓住品牌的抽象感覺

感覺，抓得住嗎？

我們不斷強調，品牌其實是人類大腦中的一連串聯想，聯想愈豐富，品牌愈強大。但這些聯想都是一些抽象念頭與感覺，我們該如何描繪與傳達它們？關於這個話題，韋伯在《勾癮》（*Brand Seduction*）這本書裡有很多值得參考的建議，我也把當中的一些好做法挑選出來，結合自己的經驗推薦給大家。

如果你已經有一個既有的品牌，你對它肯定再熟悉不過了。但因為你一直深入其中，天天想著它的生意、利潤、行銷，反而會讓你失去對品牌原本最直接、純粹的感受。請試著擺脫這種「當局者迷」的陷阱，把自己重新抽離出來，放掉邏輯與理性，只專注在自己的感覺上，找回品牌帶給你的本質感覺。

感覺，因為飄浮在意識之外，你愈用力去「思考」它，愈是逼迫你的系統二在理性裡挖掘，反而愈找不到感覺。這時候我們需要靜下心來，傾聽品牌在你的直覺裡發出的聲音。

這件事其實不難做。請找一個安靜不會受到打擾的地方，讓自己處在最舒適輕鬆的狀態，閉上眼睛，把你的品牌放在思緒的中心。

在開始之前，如果你對品牌的相關元素還不夠熟悉，或是了解過於局部，也可以先做一點準備工作，重溫從消費者角度可能接觸到的品牌的方方面面。假如你想挖掘的品牌是星巴克，可以先去店裡走一趟，摸摸它的桌椅，嗅嗅店裡的氣味，與工作人員講講話，慢慢地喝杯咖啡，觀察一下店裡的其他人。如果是實體商品的品牌，也可以重新感覺一下它的包裝，掂掂它的重量，聞聞它的味道，聽聽打開它的聲音，看看它的廣告。但千萬不要做的，就是去讀相關的市場調查報告，請把你的大腦引導到系統一的感覺模式，避免系統二的分析模式。

當你開始捕捉感覺時，可以把品牌的產品放在身邊，方便你適時觸摸。閉上眼睛，做幾次長長的深呼吸，任思緒圍繞著品牌隨意漫遊。感覺再感覺……，這品牌感覺起來是怎樣的呢？

- 你看到什麼顏色？
- 是明亮的？暗沉的？素雅的？五彩繽紛的？犀利洗練的？
- 是軟的？硬的？
- 是重的？輕的？

- 是溫暖的？冷冰冰的？
- 聽見了音樂……是怎樣的音樂？
- 聞到了氣味……聞起來像什麼？

你還有哪些感覺？試著用你的視覺、聽覺、味覺、嗅覺、觸覺這五官想像一下。

在探索這些感覺的時候，務必跳脫品牌最表面的符號與有形產品，聚焦在感覺上，而非實物。

比方說，如果我們要去感覺的是「特斯拉」（Tesla）這個品牌，「黑暗中射出的一道白色電流」會是比較接近感覺的答案；「鷗翼式車門」則是一個太表面的產品元素。如果要去感覺的是全聯福利中心，「樸實得傻氣又可愛」會是比較接近感覺的答案，「全聯先生」就是一個太具象且理性的品牌元素。

這樣的過程，通常大約十分鐘就能夠有所產出，最長時間不要超過三十分鐘，想太久只會讓你感覺麻痺。

品牌感覺的投射方法

要捕捉這些感覺，還有一些其他的投射技巧也幫得上忙，特別是如果需要集思廣益、用腦力激盪的方式形成對品牌聯想的共識時，或是你怕自己的團隊跳不出主觀，希望用市場調查的方法從品牌消費者身上挖掘這些感覺時，下面這些方法可能操作起來會更容易。但其實這些投射技巧都不是新事物，在市場研究的領域，這些都是研究公司在質化調查上經常使用的方法，源自心理學界發展出來的技巧。

投射方法一：品牌世界

想像一下，如果你的品牌是一個世界或是一顆小行星，這世界會是什麼樣貌？天氣是怎樣的？上面是森林、大海還是城市？住著什麼樣的人？（或者不是人？）上面的生活是怎樣的？他們穿著怎樣的衣服？在做什麼事？……

比方說，如果可樂娜（Corona）啤酒是一個星球（而不是一顆冠狀病毒），我就會覺得那是一個插滿鮮豔陽傘的墨西哥沙灘，海水全是冰涼的金黃色啤酒，漂浮著無數大大的綠色檸檬角，躺在沙灘上的都是身材姣好、說著西班牙語的帥哥美女。

投射方法二：品牌擬人

這是最常用的方法。想像一下，假如品牌是一個人，他／她是怎樣的一個人？性別？年齡？國籍？身材？穿著打扮？做什麼工作？開什麼車？喜歡什麼運動？最愛吃什麼？愛聽什麼音樂？……

這個方法通常最容易刺激人們做出各式各樣有趣的投射，因為我們對於「人」還是接觸最多也觀察最多的，每個人都累積了大量的感覺、經驗與刻板印象。我聽過最精彩、勁爆的品牌擬人化形容，往往來自於在市場調查中所遇見最一般的消費者，總讓我驚歎高手果然在民間！

投射方法三：圖片拼圖

如果你擔心大家的想法會過度受限於文字，希望得到更多視覺化的投射，這是一個很有效的方法。先收集一堆雜誌，新舊皆可，但裡面一定要有很多圖片，別挑只有文字的刊物。雜誌的類型愈多愈雜愈好，因為我們需要盡量多樣化的圖片。不要挑選與你的討論品類直接相關的雜誌，例如假設你要討論的是汽車品牌，就不要用汽車雜誌。

大家稍微回憶品牌的感覺之後，讓每個人隨機翻閱雜誌，把其中能夠代表品牌的某種聯想的圖直接撕下來。最後集中這些圖，讓每一個人分享每一張圖片中所觸發或反映的品牌聯想，之後再來整合與挑選。

人是視覺動物，畫面所能承載的感受其實更直接也更豐富。透過拼圖的方式，能從視覺刺激聯想，往往會把語言觸及不到的一些直覺給引出來。但一定要注意的是，必須讓挑選圖片的人說明自己在每一張圖裡看到的品牌聯想是什麼，以避免其他人誤讀。因為同一張圖在不同人的眼中，看見的東西可以很不一樣。

除了上面這些投射方法，其實還有許多其他的選擇，像是：

- 一部能夠代表品牌情調的電影
- 某齣電視劇或電影裡的角色
- 某個歷史人物或名人、明星
- 某一首歌曲或音樂
- 其他品類的某一品牌（最常用也最好用的就是汽車品牌）

如果品牌面對的是全新的未來

很有可能你的品牌目前的狀況並不完全理想，或者你們有一個新的品牌主張，需要對既有品牌進行一些改變或升級，倘若如此，基於品牌原本狀態挖掘出來的品牌聯想，並無法完全反映你們所期望的未來。那麼就需要在討論的過程中，從「品牌理想的未來狀態」的角度，來描繪與形成品牌聯想。這當中必須保留品牌原本優良的基因，再結合你們期望賦予品牌的一些新感受。如果你有一個新的品牌主張，這些新感受自然必須由這個新主張延伸而來。

還有一種狀況就是你們討論的是一個全新的品牌，一切從零開始，這類型的品牌聯想與腦力激盪，就是以「構築大家對於品牌理想樣貌的共識」為目的的討論。要提醒的是，在這種發展新品牌的品牌聯想過程裡，更需要根據已形成的品牌策略與品牌主張作為思考的前提與依歸，因為新品牌的形象必須基於競爭因素及消費者需求等行銷條件來謹慎考量，絕對不能只是天馬行空或憑藉個人好惡。說到底，品牌不是一件藝術作品，而是一門生意。

在新品牌的規畫過程中，這項品牌聯想的設定工作尤其重要，因為它決定了你們要共同接生的這個寶寶究竟要長成什麼樣。像我在奧美的前老闆與老師葉明桂（業界渾號「阿桂」或「桂爺」），當年在規畫統一「左岸咖啡館」這個傳奇品牌時，就曾做過這樣的設定：「左岸咖啡館的品牌個性就像嘉義女中詩詞社的社長，正值少女不知愁的年紀，卻有多愁善感的個性；左岸咖啡館的品牌風格則是民初翻譯小說的語氣、黑白攝影時代的視覺作品與古典音樂的混搭、五四運動中的東方人遇上十九世紀的歐洲音樂家，一種真正東西文化交流的新感覺。」正是這個清晰又嚴格的「框框」，鎖住了品牌長期的樣貌，最終造就了到今天仍無可取代的左岸咖啡館。

前面討論了這麼多品牌聯想的投射方法，它們都是刺激品牌感覺現形的技巧。更重要的是，我們要從這些投射中找到並抓住品牌的抽象感覺，形成書面紀錄與整理，才能發揮日後的指導作用。有關品牌聯想的整理可參考韋伯的想法，再加上行業中的操作經驗，建議由兩個部分組成：品牌聯想詞與品牌情緒板。

品牌聯想之品牌聯想詞

品牌聯想，正如同人類大腦中概念與聯想的形成，是從A想到B、從B想到C的一

圖 3-3　星巴克的品牌聯想詞

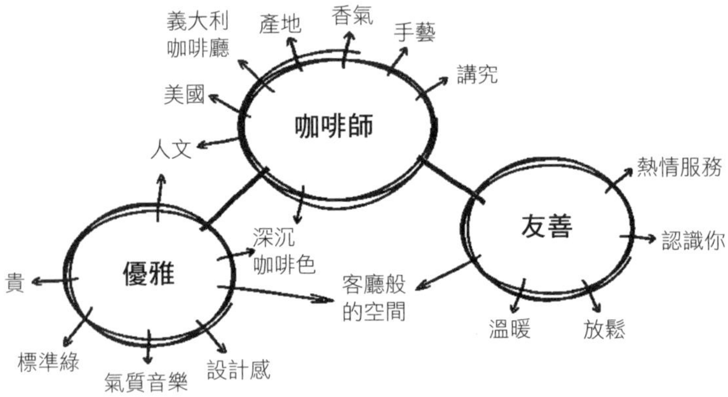

連串延伸。比方說從汽車可能會想到輪胎，從輪胎可能會想到米其林（Michelin）品牌，從米其林可能會想到美食餐廳。當我們要整理品牌聯想的文字時，也可以借用這種聯想網絡的邏輯，因為最接近於人腦最習慣的概念組成方式。

再次拿星巴克來舉例。如果要把星巴克品牌的品牌聯想詞排列出來，可能是如圖3-3。

其實這個結構就是現在相當流行的心智圖法（mind mapping）的邏輯，即以主要概念為核心，將相關聯想進行放射狀的延伸。

形成這樣的品牌聯想詞，可以根據以下幾個步驟進行：

一、把前面用不同方法捕捉到的所有品牌感覺，用一個一個字詞列下來。在這個階段，先求量而不求質，力求完整與豐富。最方便的方法是把每一個詞寫在一張便利貼上，可以一張一張貼在牆上，就能對著這面牆，輕鬆地任意移動與排列組合這些字詞。

二、檢視所有字詞，進行分組與歸類，把同類元素歸在一起，將重複或接近的合併，最終形成三至五個群組就好，不要太多。

三、在每一組中找到一個最能概括該組概念的字詞，就是代表那一組的核心概念。這些核心概念詞可以是組裡面既存的詞，也可以是統籌該組概念後另外成形的一個新詞。每一組的所有聯想詞圍繞在核心詞周圍，如同衛星繞著行星一般，就像星巴克這張示意圖所展現的樣貌。

四、擺好之後要進行整體性的檢視。扮演行星的幾個主要核心詞，必須能共同代表品牌的核心特質，並彼此互補，之間不能是同義詞。這幾個核心詞，等於是品牌聯想的速寫。攤開整份品牌聯想詞，請俯瞰全局感覺一下：是否覺得完整，感覺舒服？有沒有漏掉什麼品牌該有的味道？有沒有其他組合方式可能更貼近於品牌的本質？

這張圖如果做得準確，拿給不知情的人看，應該都能猜出當中描繪的是哪一個品牌（當然如果你描繪的是未來，那就不一定了）。

例如翻到下頁的圖3-4，先別看後面的答案，猜猜看是哪一個品牌？

其實應該不難猜，對啦，就是前面說過的全聯福利中心。一般而言，像是超市或量販店等零售賣場，其實品牌體驗都很類似，不管是看廣告或走在賣場裡，其實不太分得出誰是誰，但全聯絕對是當中的異數。透過廣告的長期塑造與累積，全聯已經形成了自

圖 3-4　某品牌的品牌聯想詞

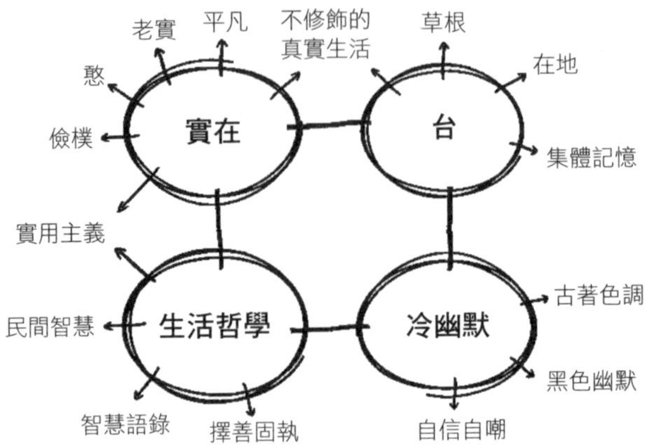

成一格的品牌風格與聯想，讓你一看到就能夠瞬間分辨：「喔，全聯又出新廣告了。」而全聯的鮮明聯想不只呈現在廣告上，更完整地延伸到賣場裡。像是奧美團隊就曾經建議全聯，取消把店內舊地板改換為石英磚的計畫，就是為了保持「省下來，給你實實在在的便宜」的一貫信念，當你在店裡感覺到「好 cheap」、「什麼都沒有」的時候，品牌儉樸實在的聯想就又在你的心裡強化了一次。

這一組品牌聯想詞，就是眾人經營品牌時在概念上要遵循的共同「框框」，以劃定品牌樣貌與品牌個性的範疇。在日常運用上，做任何事都不能超出其界線範圍，這必須是所有人都尊重也遵守的底線。

但要說明的是，並不是品牌的每一件作品、做的每一件事，都要把所有的品牌聯想詞全部演繹出來，那很可能太多也太沉重了。每一次的演出只需要展現當中的局部，視當時的傳播條件所能容納的元素規模而定。理想的結果應該是把品牌做的方方面面工作加總一起，正好能把這些聯想詞完整涵蓋，最終共同撐起品牌聯想的全貌。

品牌聯想詞是在文字層面上對品牌聯想進行描繪，但文字始終是一種對於感覺的語意表達與轉化，無法完整呈現大腦的很多抽象意念，用文字描述感覺，很難不打折扣。這個時候，我們還需要視覺的補充。

品牌聯想之品牌情緒板

「情緒板」這三字聽起來有點彆扭，源自英文「mood board」這個詞。Mood board 是廣告行業裡經常用到的術語，是指用畫面的方式將風格與調性進行展現；靜態圖片或動態影片，都算是 mood board 的一種。

因為人是視覺動物，要跟人的感官溝通，畫面的效果遠遠高於文字。為了能更精準描繪與傳達品牌聯想，我們也需要運用畫面，讓任何一個與品牌工作相關的人，不只是在文字理解上掌握品牌，更要能用直覺去體會它。

像是全聯福利中心，如果要把品牌聯想化為視覺，它的情緒板可能可以如下頁圖3-5表現。如果將全聯的情緒板與前面的品牌聯想詞進行對照，就很容易看出兩者的關係：聯想詞中豐富而複雜的面向，在畫面裡一下子就能完整傳達，包括盧廣仲所代表的真實、

圖 3-5　全聯的情緒板

左圖來源：Shekwashaaa，https://commons.wikimedia.org/w/index.php?curid=65897596，右圖來源：SSR2000，https://commons.wikimedia.org/wiki/File:Electronic_ Music_Nezha.JPG。

憨、自有堅持與想法的感覺（他並不是全聯的代言人，但卻是整體而言「很全聯」的一個人），以及電音三太子所包含的草根、冷幽默、既土又新潮等多重特質。一幅圖的精準溝通，能勝過千言萬語，這就是情緒板的力量。

從這個例子可以看到，情緒板就是將品牌聯想，用準確而有代表性的圖片進行拼貼組合。注意一個重點：當中的圖片挑選要呈現的是「品牌的抽象感覺」，而不是「品牌相關的具體事物」，所以盡量避免使用與產品或品類直接相關的物品或符號。像是在描繪全聯時，我們就不會放進全聯先生或購物袋這樣的元素；要描繪宜家家居（IKEA）的品牌聯想，就應該放一張代表北歐生活風格的圖片，而不是宜家家居產品的照片。

另一方面，圖片的挑選要盡量能夠「啟發抽象感覺」，找到品牌的「靈氣」，讓觀看者能夠產生想像空間與風格聯想。這類圖片沒有絕對的標準，內容可能具體也可以抽象（全聯的例子用的是「人物符號」，但這只是方式之一），關鍵是參與規畫的團隊都能感受並認同圖片所傳達的聯想與感覺。挑選圖片其實是一個很辛苦的過程，不要以為網路上可以找的圖片好像有無限多，真正完美適合的其實非常難找，而形成共識的過程，也經常會是一個吵架的過程。所以一定要有心理準備，這個討論需要的是耐心與時間。如果你是代理商，要做這件事，建議你可以選擇與客戶團隊一起以「工作坊」（workshop）的方式進行，比較容易有效率地對品牌聯想達成共識，也能促進雙方對產出結果的參與感（順便在吵架中增進彼此交情）。

這個過程可以這樣進行：每一個參與的人先各自挑選，然後把圖片集中在一起討論，互相啟發，當然還要加上大量的辯論，直到大家的意見都能集中在幾張有共識的圖片上面為止。然後最好再把這些圖片拿給一些不相關的人驗證一番，確保品牌要的感覺確實能夠被普遍解讀。

最後選出二到六張圖片就已經足夠，愈少愈好，不要貪心。如果能用一兩張圖片便精準傳遞品牌聯想的精氣神，那就最完美了。至於把圖片拼貼成情緒板的格式沒有一定的規則，前面全聯的例子只是其中一種形式。你可以上網搜尋「mood board」，會找到一大堆例子（不過多數不是品牌情緒板的例子），參考當中的版型與格式，或許還能找到不少現成可用的模版。

除了圖片之外，其實情緒板還可以運用與結合其他的媒體形式，讓你的品牌聯想更生動鮮明，像是：

- 一段影片
- 一首歌曲或音樂
- 一段音效
- 一種氣味
- 一件物品

比方說，可以用牛排在火爐上炙烤發出的嘶嘶聲，來演繹一家牛排館的情緒；把旅館品牌的專屬香氛，作為旅館情緒的一部分。

關於情緒板，最後補充一則我覺得很有啟發性的軼聞。不管你屬於哪個年代，我想你都會知道瑪丹娜（Madonna）這位超級巨星。在流行音樂史上，她絕對是一個傳奇，從出道以來便話題不斷，總能在每一個年代都走在潮流尖端，占據流行文化的一席之地。直到今天高齡六十多歲，依然活力四射、呼風喚雨。對於她總是能夠不斷進步、緊握潮流的神奇能力，品牌大師馬汀．林斯壯（Martin Lindstrom）曾這樣爆料：「瑪丹娜為了每一張新專輯，都會翻閱雜誌，找出當下與未來文化最新與最前端的潮流照片、插畫與報導，自創一種拼貼畫。有傳言她與整個創意及製作小組會據此創造一個人物，用來量身打造每一個細節，從唱片封面、打歌服裝到整張專輯的方方面面。」瑪丹娜的這幅拼貼畫，其實就是一種情緒板。情緒板可以是長青巨星的策略性祕密武器，也可以是你的品牌（與你的職業生涯）的一個祕密武器。

文字＋視覺，讓品牌的精氣神活起來

完成前面兩件事，品牌聯想便可以規畫完成。在前面冰山圖形的下半部，要放進的就是品牌聯想詞與品牌情緒板這兩樣東西。整合前面的舉例，全聯福利中心的品牌規畫就可以如下頁圖3-6。

對於消費者腦袋裡品牌印象的日常累積而言，下半部品牌聯想的重要性，其實比上半部的品牌主張更關鍵。還是這件事：如果品牌策略最後只有品牌主張的那句話，指引不了品牌最後會長成的樣子；而消費者對品牌真正記得的不是那句話（直到品牌活了很久以後），而是品牌樣貌與風格在心中所留下的所有印記，所以這絕對是你必須規畫清楚的重點。

讀到這裡，如果你在廣告公司工作已有相當資歷，一定會想到：「哈！這個品牌聯想，其實和我們現在每個品牌策略都一定會有的『品牌個性』差不多。」其實本質上正是如此。但是在過去幾乎所有的經驗裡，其實大家總是這樣對待品牌個性：

圖 3-6　全聯福利中心的品牌規畫

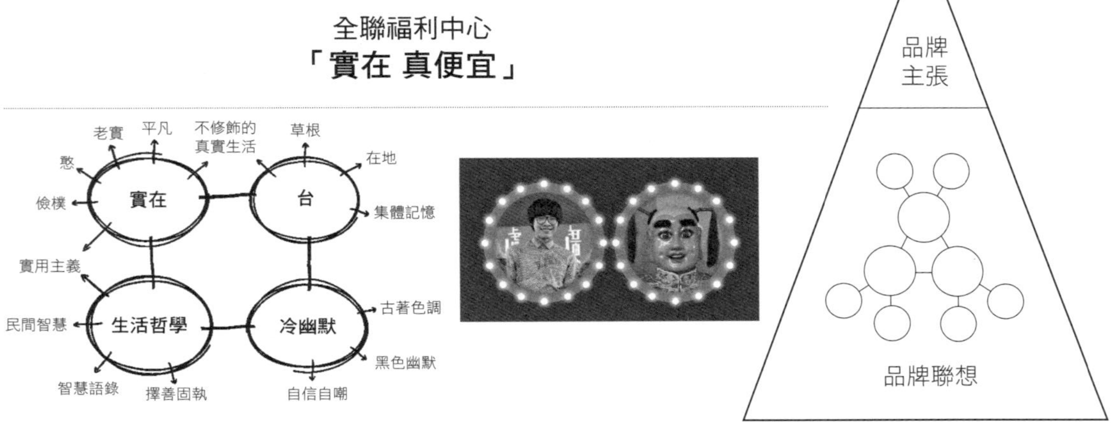

一、往往在策略反覆推敲與糾纏到差不多完成時，再把品牌個性用一點力氣做完，好像只是為了把格子填完。

二、品牌個性在很多時候會被簡化成幾個形容詞，像是「年輕的」、「時尚的」、「高級的」，這其實非常模糊，寫了等於沒寫，也指導不了什麼。

三、填完品牌個性後，大家就不太理它了，然後似乎變成是創意人員的責任，必須用創意的執行去落實品牌個性；而創意人員對它也不會太在意，因為反正沒有人在意。

在這個新的策略模型裡，刻意把品牌聯想規畫得更深刻、更完整，就是為了反映它在策略上的重要性，以符合它在消費者影響力上的重要性。你也可以把原本品牌個性的思維納入品牌聯想當中，運用品牌聯想的工具把它規畫得更細緻。

品牌聯想規畫得愈鮮明清晰，品牌的精氣神就能夠活躍伸展。在世界級品牌中，在品牌聯想的打造上最鬼斧神工的，可能非迪士尼樂園莫屬。林斯壯在著作《感官品牌》（*Brand Sense*）中曾談到迪士尼樂園如何鉅細靡遺地管理其品牌聯想：從一九五〇年代開始，迪士尼便持續堅持為品牌打造強大的聯想，認為其重要性遠遠高於商標的打造。透過迪士尼品牌一切的接觸點與傳播元素，迪士尼不斷地在建立六個關鍵詞與品牌的強烈連結，這六個詞可在下面這段話裡找到：

歡迎來到我們的「夢想」王國。在這裡，我們讓「創意」與「幻想」手拉著手，一起將「歡笑」與「魔法」散播給每一個「世代」。（Welcome to our kingdom of **dreams**—the place where **creativity** and **fantasy** go hand in hand spreading **smiles** and **magic** at every **generation**.）

林斯壯的研究發現，高達八成的美國消費者會把這六個詞與迪士尼品牌直接關聯在一起。而迪士尼對品牌聯想的嚴格管理，遠遠不只反映在文字概念的占領上，更在實體世界的展現上：所有樂園裡的員工都被稱為「演員」，即使是負責清潔工作的掃地人員，也必須把工作視為樂園裡演出的一部分；所有人物角色的演員，絕不能讓遊客看見他們穿著日常衣服的模樣，所以樂園地底下有條長達三公里的隧道供他們祕密穿梭；灰姑娘城堡頂部的實際大小是看起來的一半，這是為了讓原本就很高的城堡看起來更高，故意利用透視法的錯覺來增加視覺張力。不只管理品牌的文字聯想，更嚴密管理品牌「看起來的樣子」，這就是迪士尼樂園精心打造常勝品牌的終極祕訣。

可以想見的是，對於個別產品，清晰的品牌聯想更能直接引導產品本身的工業設計與產品體驗設計。像是消費電子產品領導者之一的飛利浦（Philips），發現愈來愈多單身男性需要自己洗衣服、燙衣服，於是決定推出一款針對男性設計的熨斗。為了有別於一般主要為女性使用而設計的熨斗，這項產品必須符合男性對「充滿男子氣概的重型工具」的聯想，因此最後設計成一款握把更粗、重量更重、蒸汽更強、力量更大的黑色系熨斗，還配上一個如同工具箱般的厚實保護盒。如果你經營的是實體產品，落實品牌聯想的必要第一步就是把它變成生命，注入到你的產品設計中，就像飛利浦一樣。

前可口可樂全球行銷副總裁哈威爾・桑切斯・拉米拉斯（Javier Sanchez Lamelas）基於他在可口可樂品牌上多年的豐富行銷經驗，寫了《行銷藝術》（*Martketing*）這本書，裡面有一些關於品牌聯想管理的至理名言，我借來作為這個段落的注腳：

- 若是沒有清晰可靠的定義，那麼品牌個性就會每年都被不同的品牌經理解讀成新的內容。
- 只要你表現出隨機行為的跡象，那段關係就會立刻破裂，因為這個世界沒有什麼比變化無常的態度更令人困惑的了。
- 卓越的行銷不是給人們他們想要的東西，而是讓人們感覺你想讓他們感覺到的東西。

我覺得這些金句簡直應該列印出來，貼在每一位行銷主管的辦公桌上，尤其是最後一句。

小提示・大重點

- 品牌聯想就是要畫出一個「框框」，把品牌該留下的聯想劃定範圍。品牌要做任何動作，屬於在框裡的就可行，在框外的就謝謝再聯絡了。
- 捕捉品牌的聯想，要聚焦在品牌的抽象感覺上，而非理性與實物。關於特斯拉，「黑暗中射出的一道白色電流」比「鷗翼式車門」好；關於全聯福利中心，「樸實得傻氣又可愛」比「全聯先生」好。
- 品牌感覺的投射方法：品牌世界、品牌擬人、圖片拼圖。
- 品牌聯想的整理由兩個部分組成：品牌聯想詞與品牌情緒板。
- 品牌聯想詞：如行星與衛星般分布的心智圖法架構，參考星巴克與全聯福利中心的例子。
- 品牌情緒板：用畫面與人的直覺精確溝通品牌的抽象感覺，抓住品牌的「靈氣」（參考全聯福利中心的例子），避免品類相關物件與符號（例如瑪丹娜的祕密武器）。
- 前可口可樂全球行銷副總裁哈威爾・桑切斯・拉米拉斯說：「卓越的行銷不是給人們他們想要的東西，而是讓人們感覺你想讓他們感覺到的東西。」

停一停・想一想

- 拿一張紙，找一個你很喜歡的、熟悉的或正在負責的品牌，花二十分鐘把它的品牌聯想詞描繪出來，然後找人猜猜你描繪的品牌是什麼。
- 同樣是這個品牌，閉起眼睛想想它的情緒板是怎樣的畫面與感覺，然後上網找些圖片，挑三張組合成你心目中的樣子，然後問問別人像不像（記得排除品類直接相關的圖片）。

第四章

從消費者目標到品牌主張

掌握了品牌聯想之後，下一個問題就來了：引導品牌聯想的品牌主張，又該怎麼發展呢？

品牌策略只爲解決生意問題而存在

前面提過，既有的各種發展品牌策略的工具與模版其實依然可用，尤其是三種策略模型中的「分析型模型」，當中已經包含了思考品牌所需要分析的幾部分關鍵資料。就我從小被灌輸的觀念及多年來養成的習慣，思考品牌策略時一定要把「市場」、「消費者」、「競爭者」、「自己（包括企業、品牌與產品）」這四個領域的資料與數據分析透徹。這些內容我不打算放進這本書裡，因為它們的份量足以寫成另外一本更厚的書。如果你在行銷相關行業已有相當的經驗，我相信你對這些領域的分析與判斷一定很熟悉；假如你剛剛入行，希望一窺究竟，我建議可從菲利普·科特勒（Philip Kotler）的《行銷管理》（*Marketing Management*）開始學習，那是這個領域的關鍵基礎知識。

但品牌策略有一個根本前提與起點，我一定要提出來：品牌策略存在的目的，一定是為了解決生意上的問題。品牌策略本來就是生意策略的一部分，也服務於生意策略。沒有生意策略作為前提的品牌策略，只是空中樓閣，難以達成品牌策略的天職，也就是推動生意成長。反過來說，所有好的品牌策略都一定準確反映企業的生意策略，直指品牌的生意問題。

看看下頁表4-1這些大家耳熟能詳的經典例子，其背後都有清楚的生意思考。必須說明的是，品牌標語並不完全等同於品牌主張，例如麥當勞的「I'm lovin' it」是品牌標語，其實背後有一個真正的品牌策略叫做「永遠年輕」（forever young）。為了便於理解，這裡都先放上大家熟悉的品牌標語。在這些例子裡，可以清楚看見各個品牌在其所處時代背景之下的生意思考。相反地，一個無法投射生意策略的品牌主張或標語，就會給人一種「虛」的感覺。你不妨找身邊的例子驗證看看。

清晰的生意策略，對於品牌策略最大的指導意義就是明確了生意來源（source of business），也就是「品牌的生意要從哪裡來」。這往往也是我在進行品牌諮詢工作時，一定要先跟客戶問清楚或一起研究清楚的課題，也通常是品牌策略提案的開場話題。道

表 4-1　知名品牌的品牌主張與生意思考

品牌	品牌主張	生意思考
蘋果電腦	不同凡想（Think Different）	搶奪被微軟系統絕對主導的個人電腦市場。
麥當勞	I'm lovin it	把品牌失去的年輕客群找回來。
可口可樂	勁享暢快（Taste The Feeling）	抵禦全球碳酸飲料下滑頹勢，吸引年輕世代。
全聯福利中心	實在 真便宜	把全聯「什麼都沒有」的缺點，扭轉成為實在與划算的證據。
阿里巴巴	讓天下沒有難做的生意	吸引所有難以打進全球市場的中小企業。
小米	為發燒而生	以「發燒友」的光環肯定並吸引負擔不起iPhone的年輕手機玩家。

理很簡單，唯有明確了生意來源，才能明確市場的「目標對象」（Who——跟誰說）；明確了目標對象，才知道該「說什麼」（What——說什麼）；然後才會有後續的「怎麼說」（How——如何說）。

廣告大師漢克．賽登（Hank Seiden）寫過一本書，書名叫做《純粹簡單的廣告》（*Advertising Pure and Simple*），提到他相信的成功原則就是「誰」（Who）、「什麼」（What）、「如何」（How），而且必須依照這個順序推進，絕對不可動搖與調換。在表4-1舉的例子中，你很容易就能解讀到每一個品牌所設定的目標對象，清楚反映了企業要鎖定的生意來源。

目標對象明確之後，我們就能針對他們的需要或期望，同時考量前面所有分析功課的發現，開始發展品牌主張，也就是「說什麼」（What）。而這個從Who（跟誰說）到 What（說什麼）的轉換過程，是發展品牌策略時最關鍵的一步，也是最需要策畫者啟動右腦、捕捉靈感的時候。通常愈是精彩的策略主張，看起來愈是簡單且似乎顯而易見，但是往往需要策畫者長時間絞盡腦汁、輾轉反側之後，才會突然峰迴路轉，看見答案現形。所以這一步總是策略工作裡最辛苦的一環。

要讓品牌主張的發展更精準高效，減少過程中的掙扎與痛苦，有一條重要的路徑，那就是回到 Who 的身上找答案；或者說，回到 Who 的腦子裡找答案。不要忘了，品牌最終存在於人的大腦，所以找到有效影響大腦的方式，就能找到品牌最有利的發展路徑。想要跟大腦溝通，就得跟大腦中真正的掌舵者「系統一」溝通。

人們雇用品牌，只為滿足目標

品牌活在人的大腦裡，於是身在現代的我們在被各種商業資訊轟炸了一輩子之後，腦袋裡早已裝了滿滿的品牌。雖然如此，請認清一個事實：品牌對我們每一個人的生活而言，其實沒那麼重要，因為我們的生活與生命中有太多更重要的東西。尤其在今天這個資訊嚴重超載、運轉嚴重超速的時代，人人早已疲於奔命、捉襟見肘，相對而言，品牌這件事沒什麼大不了。但如果是這樣，人什麼時候才會想起品牌？

答案很簡單，只有當我們有需求的時候。

哈佛大學行銷學教授克萊頓．克里斯坦森（Clayton Christensen）曾在《哈佛商業評論》（*Harvard Business Review*）發表文章，他把消費者的需求比喻為「工作」（job），透過「雇用」產品來完成。當人們有工作要做、有目標需要達成，就會雇用品牌與產品來協助自己完成。要了解品牌所扮演的角色，這是一個非常棒的視角。其實人們在生活當中所有的消費，為的都不是取得所購買的品牌或產品本身，而是為了滿足一個自己真正的「目標」——生活乃至於生命中的需求，就是我們的目標。於是我們雇用品牌與產品，幫我們做好這些「工作」，達成這些目標。

另一位哈佛大學行銷學教授希歐多爾·萊維特（Theodore Levitt）說過這樣一段行業中廣為流傳的名言：「人們要買的不是四分之一吋的電鑽，他們要的是四分之一吋的孔！」這個比喻的確發人深省，談的也是產品與目標之間的關係——消費，為的是滿足目標，滿足生活中的需求。可惜直到今天，仍有太多客戶拚了命要在廣告裡告訴消費者，他們的鑽頭有多好。

當我們生活中冒出一個需求，就形成一個要去達成的目標。這個目標有時候是你能夠清楚意識的（我需要一輛新車），有時候藏在你的潛意識裡（我覺得被人看扁了）。不管是哪一種目標，一旦形成就會立刻通知你的大腦，於是大腦開始進行自動搜尋，用最短時間與最小代價，找到可以雇用的合適對象。

大腦自動偵察、自動修補、自動趨吉避凶的本能

這種搜尋會由系統一的自動導航系統進行，你其實意識不到。行銷大師巴登是這樣區分的：人的注意力分為「隱性注意力」與「顯性注意力」兩種，隱性注意力會透過自動導航系統，用每秒一千一百萬位元的極速，在你不自知的每時每刻全面掃描周遭環境，其中九〇％的資訊由視覺接收。掃描到的物體資訊，會立刻傳到大腦的報償中心，即眼窩額葉皮質（orbitofrontal cortex）。根據研究，刺激出現後，報償中心會在刺激出現後〇．〇八至〇．一三秒左右啟動，比一眨眼的時間還短。

這個自動偵察系統，會持續評估我們接收到的環境資訊。一旦發現任何與需求或目標相關的事物，我們的注意力就會自動鎖定這個東西，「通知」眼球肌肉轉向它。而這個眼球動作其實完全在我們的意識之外，不受自身的控制。這種眼球的細微顫動叫做「微跳視」（saccade），每天由牽動眼球的六條肌肉進行十萬次左右的密集移動，只能用儀器進行眼球軌跡追蹤，它們「注視」的焦點才無可遁形。

有一個實驗做了相關測試，它讓受測者觀察一張街景圖片，同時掃描其眼球軌跡。結果發現，如果受測者正餓肚子，其注意力就會自動導向街上的餐廳招牌與麥當勞標誌；但如果受測者剛吃過午餐，則會把視覺焦點放在商店櫥窗與招牌上。

所以，我們都相信「眼見為憑」，但其實潛意識決定了我們會看到什麼，而且會霸道地調整與修補自己所看見的東西，因為眼球捕捉到的視覺資訊事實上並不完整。

圖 4-1　視覺空白點實驗

☺　　　　987654321

順便做個好玩的實驗來證實這一點：你知道嗎，你的眼球看到的畫面，其實中間有一個空白點，平常你不會注意到，因為大腦會自動補好那個空洞。你可以感受一下這個空白點：請閉上右眼，注視圖4-1中的數字1，然後把書慢慢拿近，直到左邊的笑臉符號消失為止，這就是視覺的空白點。繼續保持頭不動，用左眼往數字2和3看過去，大概到了4或5左右，笑臉又會出現。所以真正決定你會看見什麼的不是你的眼睛，而是你的大腦。

就像是眼球自動在畫面裡找到麥當勞，這種在意識之外搜尋符合自身需求資訊的能力，可能超乎你的想像。美國康乃爾大學（Cornell University）社會心理學家大衛・鄧寧（David Dunning）曾做過一個很有趣的實驗，他挑了一張圖片，看起來像一匹馬，又像一隻海豹。然後找來一批受測者，先告訴他們，等一下在圖片裡看到什麼，將決定他要喝桌上兩杯飲料中的哪一杯。在受測者面前的桌上已經擺著兩杯飲料，其中一杯是美味的柳橙汁，另一杯是一聞就知道非常難喝的「健康汁」。實驗開始，受測者坐在電腦前，螢幕會展示那張像馬又像海豹的圖片，但只會出現一秒鐘；在這麼短的時間內，一般人的視力只來得及辨識圖案中的一種，也就是只能看見馬或看見海豹。

重點來了。其中一半的受測者在看圖片前就先被告知，如果看見

「農場動物」可以喝橙汁，如果看見「海洋動物」則要喝掉可怕的健康汁。另外一半的受測者收到的則是兩汁對調的相反指令。於是看完一秒鐘圖片之後，受測者得說出自己看見的是什麼了。在一開始被告知「海洋動物＝健康汁」的組裡，六七％的人看到了馬；而在另一組被告知「農場動物＝健康汁」的組裡，有七三％的人看見了海豹（注意，這不是有意識選擇的結果，因為每個人在一秒鐘裡只辨識得了一種動物）。這個實驗所證實的是，人的動機能在潛意識層面影響甚至操控我們的認知，也就是說，你需要什麼，你的大腦／眼睛就會在潛意識的控制下，幫你找到／看到你要的東西。這種超人般趨吉避凶的本能，也是人類之所以能夠成為優勢物種的原因之一。

正因為人腦的這種本能與機制，品牌要能夠成功，就必須與某些最恰當的消費者目標產生緊密連結，因為如前所述，當人們有了需求，大腦便會自動根據目標，搜尋可供「雇用」而最能達成目標的品牌與商品。這種搜尋，掃描的不只是在前面實驗中測試的實體世界，更多時候是在掃描消費者頭腦裡的記憶與印象。這也就是為什麼品牌擁有的品牌聯想要愈豐富愈好，因為這樣才能給品牌掛上更多的「鉤子」，在自動搜尋中容易被「鉤」到；而這些聯想又都必須指向消費者想要滿足的目標，才能迎向大腦針對該目標的掃描動作。這也就是品牌聯想必須由品牌主張引導的原因，因為品牌主張決定的，正是品牌與消費者特定目標之間的關聯性。

存在心裡的顯性目標與隱性目標

說到消費者需要滿足的目標，可遠遠不只是前面例子中所舉的，餓了想吃麥當勞或渴了想喝水、累了想來瓶蠻牛而已。在雇用品牌時，今天的人們絕大多數時候要滿足的，都不只是功能上的需求。在我們所處的現代商業社會裡，你我早已逾越了以吃飽穿暖為消費目標的階段；所有的商品類別都供過於求，休閒娛樂等非必須品占據了我們日常消費的很大一部分。在這樣的世界裡的消費，或者說我們「雇用」品牌要達成的目標，其實都是心理需求而非物理需求。

比方說，如果你買了一輛特斯拉，你要滿足的絕對不是從A地到B地的移動需求，不然你大可買輛便宜的二手車。周遭愈來愈多人進進出出時，手裡抱著的都是蘋果筆電，這台筆電帶給你的滿足與意義，也多半遠遠不只是一台可以用來工作的電腦。

延續前面對注意力的區分，巴登認為消費者的目標也可以分為顯性目標（explicit goal）與隱性目標（implicit goal）兩種。所謂顯性目標，就是品牌在物理功能層面能夠滿足的目標，指向的是產品的功能，就像特斯拉達成的顯性目標，可以是作為交通工具的移動能力、耐用性、安全性、能源使用上的經濟性等，蘋果筆電滿足的顯性目標則可以是你對於同步方便性、運算速度、音效畫質等的要求。如果是隱性目標，這兩個品牌為你達成的是完全不同的其他東西；特斯拉帶給你的可能是優越感、環保先鋒的光環、站在科技前端的領先感、作為新貴的自豪感，蘋果筆電則幫你達到了與眾不同的獨特性

圖 4-2　消費者的兩種目標

（雖然愈來愈不獨特了）、優越感、彷彿從事創意類型工作的精英感、簡約洗練的優雅等。所以我們很容易分辨，顯性目標是關於理性的與功能的，而隱性目標則是感性的、心理層面的（參圖4-2）。

當然，產品功能依然很重要，但對於活在今天的我們而言，真正決定購買選擇的，其實是內心深處的隱性目標。尤其在由系統一主導的大腦裡，當它在自動掃描可以「雇用」的對象時，其實聽命於直覺與情感，只是我們自己感覺不到，也無法用理性干涉它。

正因為隱性目標總是躲在幕後運作，不太為我們的意識所感知，當我們向消費者詢問購買原因時，消費者往往會拿顯性目標來回答。在我參加過的無數場消費者座談會調查中，這種現象屢試不爽，所以研究人員總要用一些技巧來對真正的答案旁敲側擊，不過這不能怪消費者，因為隱性目標的確不太容易說出來。

好比說你去逛商場，在不同的運動品牌店左看右看之後買了一件安德瑪（Under Armour, UA）的運動服。朋友問你為什麼選擇安德瑪的這一件，而不是隔壁耐吉（Nike）店裡款式大同小異的那一件？你不假思索地回答，因為覺得安德瑪這件比較好看。但其實真正的原因，是因為它帶給你（你想要的）一種比較強悍勇猛的感覺。我們以為自己是為顯性目標而買，卻不知道其實真正操縱決策的是隱性目標——內心深層次的追求與欲望。

在隱性目標上形成差異化

消費者真正在尋找與追求的是隱性目標的滿足，尤其在今天這樣一個技術太容易高速普及與複製的世界裡，不同品牌的產品在物理與功能性上已經很難形成明顯差異。在滿足顯性目標的能力上，大家大同小異。即使高明如蘋果，雖然在手機上仍擁有自己的封閉系統與專利技術，但若論使用方式與實用性，其實一支OPPO手機也沒有太大本質上的不同。所以品牌要實現真正的差異化，必須來自於所滿足隱性目標上的差異，這也才能創造品牌在人的大腦直覺中的差異，以及為系統一所認知的差異。

接下來，我把巴登曾舉過的的例子再做延伸，讓你一看就能明白這個道理。

賓士（Benz）、BMW、Land Rover與富豪（Volvo）都是眾所周知的豪華車品牌，處在近似的價位帶。以「自動煞車系統」這項產品功能點為例：大同小異的自動煞車系統都可以放進不同品牌的汽車中，而所能帶來的物理功能，理論上都是一樣的。對駕駛者而言，如果要的顯性目標是「更快煞住車」，其實選擇哪個品牌都能滿足，也沒有太大差異。但相同的煞車功能一旦放進不同的品牌之下，就會產生很不一樣的意義，滿足人們在買車上各自想要滿足的隱性目標。因為能讓車子想煞就煞，賓士的駕駛者從中得到的是優越感；而這種動靜皆在掌控的感覺對BMW的顧客而言，帶來的則是駕駛樂趣；Land Rover能夠靜如處子、動如脫兔，彰顯了其越野性能的勇猛；但如果選擇了富豪，你要的卻是煞車系統帶給你的絕對安全感。由此可見，真正在我們的認知裡創造不同意義的，是滿足了不同隱性目標的品牌定義；而相同的產品或產品功能也會因為套上了不同品牌，而對消費者產生不同的意義與價值。

這又解釋了第二章提到的「品牌即框架」的道理。人們如果認定了品牌與隱性目標之間的關聯性，大腦就會對品牌裡面裝的產品價值，自動產生不一樣的感受。把一樣的煞車系統裝進去，賓士或BMW這些品牌框架就會改變煞車系統所代表的意義，甚至進一步影響對於產品功能的物理感受。

從馬斯洛的樓上看

我們再從另一個心理學的角度來討論消費者的目標。

大多數人都聽說過亞拉伯罕・馬斯洛（Abraham Maslow）的「需求層次理論」（Maslow's Hierarchy of Needs），在簡單的版本裡，他把人類的根本需求與欲望分為遞進的五個層次，從下到上排進一個三角形，成為如下頁圖43的馬斯洛需求金字塔。

在馬斯洛原本的理論裡，他把各個需求層級之間的關係視為一個階梯，也就是人們

圖 4-3　馬斯洛的需求金字塔

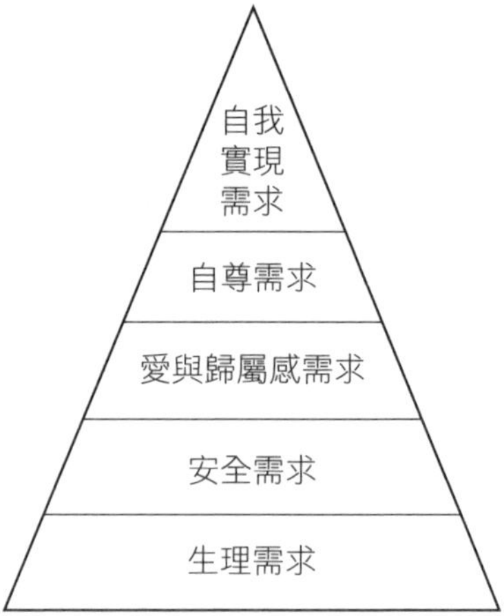

在滿足了安全需求後，才會開始追求愛與歸屬感；有了愛與歸屬感，才會開始需要自尊。這也是我聽過身邊多數人，談到這個金字塔時的理解邏輯。

但事實上，後來有許多研究證實，這個遞進邏輯是錯誤的，人類其實是幾乎同時在追求這五種需求的滿足，包括馬斯洛自己在晚年也認同了這個看法。就像《黏力，把你有價值的想法，讓人一輩子都記住！》（*Made to Stick*）的作者奇普．希斯（Chip Heath）和丹．希斯（Dan Heath）說的：「在（原本的）馬斯洛的世界裡，不存在挨餓的藝術家。」

如果把顯性與隱性目標的概念套用到馬斯洛的金字塔裡，就會發現金字塔下半部屬於顯性目標，上半部則屬於隱性目標。當今日社會絕大多數人對於金字塔下半部的需求都不虞匱乏之時，自然會把追求

圖 4-4　品牌思考金字塔

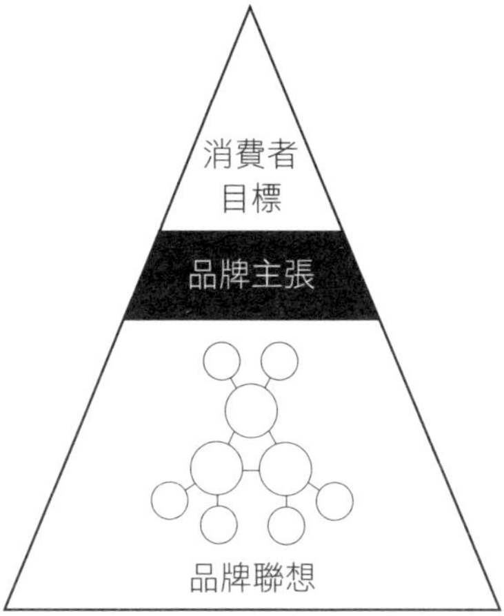

的重心放在上半部的需求，也就是隱性目標。而多半的產品功能訴求推到本質，比較滿足的還是金字塔的下半部。所以如果我們始終把品牌宣傳的重點放在理性功能上，等於是認為多數消費者仍然活在馬斯洛的地下室裡。

話題回到品牌。綜合上面所談，品牌的差異性來自於你要滿足消費者哪一個隱性目標，因此這個目標極其關鍵，直接決定了品牌主張的角度，連帶決定了品牌聯想的延伸方向，也就決定了整個品牌的樣貌與走向。所以在我們的品牌思考模型中，要加入「消費者的目標」這一欄，放在品牌主張的上面（參圖4-4）。

大腦找藉口的超級本能

既然隱性目標如此關鍵，下一個問題

就來了：隱性目標如果藏得這麼深，躲在幕後，那我們該怎麼把消費者的隱性目標給挖出來？

這是一個不容易的任務，就像前面舉過的「你買了一件安德瑪運動服」的故事，人們很容易為自己的行為找理由，而且會回答得理直氣壯，因為這些藉口的確是我們所以為的答案。回憶一下你最近買過的東西，你會如何說明購買理由？就算是單價很高的商品，比方說你買了輛美國車，朋友問起選擇它的原因，你可能會不假思索地回答：「馬力強，空間大。」但其實真正的原因，也許是你對美國式自由開放的嚮往。

你可能很難相信，即使是大到像買房子這麼重大的決定，決策的本質依靠的還是情感，也就是系統一。至於理性的系統二，往往只是個橡皮圖章，用我們自以為的理智思考，為系統一已經做出的決定背書。人一旦沒有情感的介入，就做不了任何決定，這部分後面會再詳細討論。有趣的是，我們的大腦真的非常聰明（或者說奸詐），尤其是一個自我合理化的高手，很會為自己的行為編造理由，曾有一個非常知名的實驗就證實了這件事。

一九六二年，一位罹患嚴重癲癇症的病人為了保住性命，同意醫生對他進行一項實驗性手術。簡單來講，就是把病人的腦袋打開，將左腦與右腦之間傳送訊號的神經纖維「胼胝體」（Corpus callosum）切斷，讓大腦的左右兩半球無法互相溝通。幸運的是，這項手術確實讓病人活了下來，雖然癲癇仍偶爾發作，但嚴重性大為降低。更讓人驚訝的是，這樣的切割似乎沒有帶來任何副作用，這位病患並不覺得日常生活受到影響。

在大腦顯影等科技誕生前的那個年代，這樣的病人簡直是科學家的至寶，因為能夠作為現實樣本，讓科學家進行各種實驗，了解大腦的神祕運作方式。認知神經科學之父麥可・葛詹尼加（Michael Gazzaniga）當時便抓住機會，對這位病人進行了一系列實驗，在左右腦的功能上，證實了我們現在都知道的分工方式：左腦負責語言、思考與邏輯推理，右腦不承擔嚴肅的認知工作，負責的是辨識長相、集中注意力以及控制視覺運動等任務。

在這左右腦分工之下，大腦還有一個奇怪的傳導方式，即進入右眼的資訊會傳到左腦，而左眼看見的東西會送到右腦。在正常的大腦裡，資訊如果進入左腦，會經過兩個半腦間的胼胝體也同步傳到右腦，但當這個中間線路被切斷、信號傳不過去時，右腦就只能呈現一片黑暗，反之亦然。這個現象，提供了一個很有意思的研究機會。

葛詹尼加與同事還嘗試了很多實驗方法。他們把一幅好笑的圖畫透過左眼傳到這位病人的右腦時，受測者開始大笑，研究人員問他為什麼笑，病人負責思考與回答的左腦卻接收不到圖畫的資訊，完全不知道自己為什麼會笑。重點來了。這時候病人並不會承認自己不知道，他的左腦自動編出了一套解釋理由，比方說剛剛想起一件好笑的事。

在另一項實驗裡，受測者的右腦接收到一則圖片指令，上面寫著「走」，於是受測者起身走來走去。當研究人員問他要去哪裡，他自動編出了口渴想找可樂來喝的故事，而且對這個解釋深信不疑。美國學者強納森・哥德夏（Jonathan Gottschall）曾這樣評價人們替行為編造理由的超強本能：「這些胡編亂造的故事相當狡猾，如果不是發生在實驗室裡，根本難以察覺。」

量化調查與質化調查

大腦這種找藉口的本能，便成了行銷工作上挖掘消費者隱性目標的一大障礙，尤其是進行消費者調查的時候。消費者調查大致分為「量化調查」（quantitative research）與「質化調查」（qualitative research）兩大類，現在也有些二合一的折衷做法，不過我們仍以兩大基本類別繼續討論。

量化調查求的是量，也就是需要足夠的統計學樣本，以抽樣推估的方式，衡量整體人群的行為或認知，像是有多少人知道某個品牌，或者一週內去過速食店的人占多少百分比等。因為目的是求量，這類調查通常無法問得太深入；同時為了便於統計，多數會在問卷中用封閉式答案作為給受訪者的選項。

要進行這類調查時，一定要分辨出什麼問題適合問、什麼不適合問。像是消費者的具體行為就可以問，比方說：「昨天晚上有沒有上臉書？」「上星期有沒有看電影？」因為已經發生的行為很具體，雖然受訪者也許會記錯，但基本上不太會騙人。另外，像是很絕對性的認知也可以問，最常用量化調查評估的「品牌知名度」就是一例，受訪者是否知道某個品牌，只有「是」與「否」兩種答案。要避免問的是有關心態與動機這類問題，尤其像是「為什麼選擇購買X品牌？」，這牽涉到隱性目標，消費者本來就很難直接回答，而你又列好了封閉式答案選項給他，如同給了一堆現成藉口讓他挑，自然就會挑「感覺比較對的」或「我猜你想要我挑的」答案作答。這種結果的參考價值很低，甚至同一位受訪者隔了幾天後再回答同一份問卷，可能給出的答案都不同。

至於質化調查，最常進行的就是「焦點團體討論」（focus group discussion, FGD）。通常進行的方式是這樣：由專業調查公司根據樣本需求，找到適合參加座談會的消費者代表。一場座談會一般有六至八位代表參加，他們圍坐在圓桌四周，由調查公司的專業主持人進行詢問與引導，以了解他們對於某個品類、產品或品牌的看法與經驗。座談會的好處是能對問題的答案進行挖掘，因為主持人可以針對受訪者的回答，詢問進一步的原因或想法。所以在這種座談會裡，主持人的專業度非常關鍵，必須能掌握全場、快速反應，而且能夠準確提出能挖到答案的聰明問題。

隱性目標只能挖，不能問

一般在消費動機的挖掘上，座談會就是大家最常運用的方式了，但始終還是有準確度的問題，因為消費者無法感知隱性目標，自然無法回答。但正如前面在左右腦切割實驗中所看到的，自圓其說是人類強大的本能，消費者即使對隱性目標一無所知，依然可以侃侃而談，把購買的理由說得頭頭是道。再加上當他們坐在座談會的小房間裡，身邊從主持人到其他受訪者都是第一次見面的陌生人時（除非是把熟人聚在一起討論的特定安排），他們很難不受到這樣社會環境的影響，傾向回答一些「比較有面子」、「聽起來有道理」、「跟其他人類似」的答案，讓準確度進一步扭曲。如果我們完全依靠消費者這樣回答的消費動機來做行銷決策，風險可想而知。難怪行銷心理學大師克勞泰爾．拉派爾（Clotaire Rapaille）要大聲疾呼：「不能相信人們說的話！」

雖然隱性目標潛藏在意識之下，我們沒法直接問，消費者也很難直接回答，但在座談會中還是有辦法挖掘，只是需要採取迂迴與旁敲側擊的方式，而且要用感受的，而不是詢問的。可以先讓消費者從與你要問的品牌相關的具體行為聊起，也可以讓他談談自己的一些價值觀或生活態度，再圍繞當中一些你覺得「裡面可能有東西」的點，讓消費者說出他的看法、感受與缺憾。

聊的過程中，可以隨時追問「為什麼？」，但不要把他的回答當做直接的答案。仔細觀察受訪者回答時的表情與身體語言，因為這些反而是最真實的，例如他講到哪一種感受時，眼睛放出了光芒？又或者說到哪個點時挺起了胸膛，身體前傾？這些都是重要的訊號。詢問者必須一邊收集這些資訊，一邊形成「動機也許是X」的假設，再把假設迂迴拋出，傾聽並觀察受訪者的反應。

除了這些詢問技巧，在心理意象的深掘上，調查公司也有許多專業的心理學技巧可以運用，像我們在討論品牌聯想時提到的「擬人」、「撕圖片」等，都是常用的投射方法。我還看過「讓受訪者畫畫」的做法，產出的結果也非常精彩。

透過詢問收集而來的，其實多半還是資訊而非答案，通常需要研究者再去研判背後可能的隱性目標。研究者可以設身處地去想像與感受，如果自己是他們，為什麼會這麼想；最好再搭配一些社會學類型的族群文化研究，也就是你的目標人群在社會與生活上處在怎樣的位置、面對怎樣的壓力，以及有哪些他們之中正在形成的潮流與趨勢。這些宏觀的觀察，搭配上微觀的調查發現，會更容易讓隱性目標浮出水面。

最有效的祕技——訪談

在消費者身上旁敲側擊的挖掘工作，在我自己的經驗裡，其實最有效的方式不是座談會，而是與消費者的一對一訪談。透過一對一的對談，比較容易讓雙方親近，讓受訪者放下心防，也讓研究者能夠專注地把焦點放在一個對象身上好好挖掘。同時，受訪者沒有周圍其他陌生人帶來的面子壓力，比較願意說實話，也更容易實現一些更有彈性與變化的做法。如果你想知道消費者在家使用你產品的真實狀態，不妨直接上門拜訪，看看產品被放在哪裡、如何使用、和什麼東西放在一起。再加上與受訪者的深聊，你會有很多意想不到的有趣發現。

我曾服務一個電視機品牌，就進行過這樣的消費者家訪。記得當時有個很有趣的發現：不只一戶受訪者的客廳放的是國際大品牌的電視，臥室則放國產品牌的電視。原來這是面子與裡子的區別，由於客廳會有親朋好友來，看起來要有面子，回到臥室則以實用好用為優先，要的是裡子。如果我們當時沒登門入戶，可能就無法發現這種心態。

一對一訪談唯一的問題就是很花時間，因為一次只能問一個人，而如果你要問的對象散布各地，那就真的很耗時間。對，你可能想到可以用電話，但我的建議是除非不得已，還是親身面談為佳，因為對方很多情緒與肢體語言沒辦法在電話裡傳給你（視訊通話也不夠，感覺不對，相信我）。雖然比較辛苦，但我強烈建議負責品牌的每一個人，不管你是企業主或廣告公司，就算沒有預算去做一輪正式調查，都應該創造機會和顧客或潛在顧客做這樣面對面的訪談，就算你的時間只能談兩三個人，都會很有幫助。不要把這種訪談想得很麻煩或很困難，其實就是跟消費者聊天，你會聽到一些你可能從沒想過的觀點。當然，你不能只是亂聊，事前還是要大致把想問的內容整理一下。

富太太沒說出的弦外之音

透過一對一訪談，挖掘消費者的隱性目標，這裡舉一個真實的例子。

我在中國曾接手海爾集團卡薩帝品牌的一個超高端洗衣機項目，這是一台單價高達台幣四十多萬元的頂級洗衣機，產品的潛在顧客是那些消費能力頂尖、家庭富裕、擁有許多奢侈品的富太太，這完全是在我生活圈之外另一個世界的人。為了找到她們在洗衣服上的深層需求，我們想盡辦法找到一些合適的訪談對象，但數量就是不夠，因為這些超級有錢人通常不願受訪。由於找不到更多人選，逼得我們想到另一個辦法，那就是去問她們身邊最了解她們對衣物護理需求的人。於是透過介紹，找到了富太太圈中知名的服裝設計師。

在訪談之後我們發現，原來這些富太太所擁有的奢侈品衣物，其實是她們很大的一個心理負擔，因為一件比一件嬌貴，一旦清洗方法錯了，可能衣服就毀了。但如果把這些衣服送去乾洗店，她們也有很多擔心，擔心化學藥劑殘留，更擔心不太專業的多數乾洗店可能還是會把衣服洗壞。到頭來，有些自己很喜歡的衣服反而不太敢經常拿來穿，因為穿了之後不易清洗，不如不穿。甚至有人家裡有穿過的昂貴毛皮，多年來從來沒洗過，就是因為始終找不到放心的處理方法，自己也覺得很無奈。這種心結還會影響到她們日常買衣服時的體驗，例如看中一件很喜歡的衣服，卻因為詢問後發現很難清洗，只好忍痛放棄。

這些都是前面提到的，在迂迴的旁敲側擊中發現的各種故事、感受、遺憾、經驗，研究者必須在片段的資訊中，用人性的角度去感受與體會，所以她們究竟想要什麼？如果你是她們，你想實現的目標是什麼？這些答案往往不會直接出現在她們的回答裡。如果你問她想要一台怎樣的洗衣機，也不會得到太有用的答覆，請永遠不要期望消費者替你回答這種問題（有個笑話說，如果你去問馬車時代的人要一輛怎樣的車，他們會告訴你「一輛跑得更快的馬車」）。

在卡薩帝這個題目上，我們終於找到一個讓每個人都很興奮的隱性目標——自由。這些富太太現在都被綁在衣物護理這個沉重枷鎖上，妨礙她們享受奢華衣物的滿足感，妨礙她們對衣物清潔的掌控感，妨礙她們買喜歡衣服的自由。卡薩帝這台超高端洗衣機所具備的精準清洗能力，要滿足的其實不是表面的「高端生活品質的象徵」，而是在消費者內心深處對於這種自由感的渴求，這才是富太太們真正想實現的隱性目標。抓住了這個目標，後續的行銷主張、形象聯想，乃至於整體行銷規畫，便有了清楚的方向，自然能夠順暢展開。而「自由」這兩個字，從來沒出現在任何一場訪談的消費者回答中，而是從聽到的點點滴滴資訊中抽絲剝繭而來，這也就是判讀隱性目標上最需要的工夫——聽見弦外之音。

在這裡一直討論的隱性目標，一定會讓許多有經驗的業界朋友想到一個我們常掛在嘴邊的詞：「消費者洞察」(consumer insight)。是的，其實隱性目標的概念與洞察非常接近，那種探究「消費者沒說出口或不知如何說，但心裡默默追求與認同的那個東西」的過程，其實兩者非常相似。如果對你來講更容易理解也方便溝通使用，也可以索性把隱性目標想成過去慣用的消費者洞察，不同之處在於，一直以來，每當討論到消費者洞察，就像討論到一個黑箱，每個人對於「什麼是洞察」都有不大一樣的解讀與標準（因為洞察的確沒有絕對的定義與標準），往往會讓討論變成對於「這個點到底是不是一個洞察」的大辯論，非常浪費時間。用目標的概念理解這件事情，比較容易讓焦點回到消費者的動機上，讓討論邏輯簡單直接，不像洞察那麼玄虛，避免把大家的對話變成一場學術討論。

大師的挖掘術

在挖掘消費者隱性目標的方法上，不同的門派有不同的做法，有兩個我覺得很有意思的例子，提出來供大家參考。

先前提過的拉派爾在國際上相當有名，是一位擁有人類學與心理學雙博士學位的高手。對於消費者的隱性目標，他提出了「文化密碼」（culture code）這個觀點，認為在每一個文化當中的人們，對於每一種產品品類，都有一個從童年印象開始累積而成的文化密碼，它會直接影響他們對於每個品類產品的根本認知、偏好與選擇。像是他發現吉普車（Jeep）在美國人心中的文化密碼是牛仔胯下四處馳騁的「馬」，因此強烈要求客戶把「藍哥」（Wrangler）車款的頭燈改回圓形，如同馬的渾圓雙眼。聽起來很玄，但這一改動確實創造了明顯的銷售成績，而這項設計也一直延續至今。

文化密碼深植心中，人們無法感知，因此拉派爾開發出一套挖掘文化密碼的獨特做法，很像是在心理學上挖掘潛意識的過程，他讓受訪者躺在地板上，進入到半睡眠的恍惚狀態，去挖掘他們的兒時記憶與印象，非常有意思。拉派爾團隊也服務過中國的一些客戶，我曾有機會拜讀他們在中國不同品類上挖掘文化密碼的報告，的確很有一套。如果有興趣，可參考拉派爾寫的《情感行銷的符碼》（*The Culture Code*）一書，裡面有很多精彩有趣的案例。

還有一位國際大師，就是前面提過的林斯壯，他不但是整年全世界到處飛的行銷顧問、一位多產作家，同時也是奇人一名。在挖掘消費者的隱性目標上，他摸索出一種人類學式的研究方法，就是深入到消費者的真實生活中去挖掘蛛絲馬跡，以探究人們在消費背後深層次隱含的動機。

用這種方式找到的資訊，他稱之為「小數據」（small data），用來與現在流行的大數據（big data）對比；他認為這些人性化的洞察，根本不是在一疊厚厚的大數據中能找到答案的。他的做法和前面提過的入戶訪談有點類似，但他不只是與受訪者聊，還會去詳細觀察（甚至搜查）人們家裡的一切，從打開冰箱檢查哪些食物會長期埋在儲存格的最深處，到打開少女的電腦翻找私密資料夾，並與她在社交媒體上發布的照片進行對比，甚至會跟著印度的家庭主婦一起上菜市場看她買菜。

在他的《小數據獵人》（*Small Data*）這本書裡，講了很多他如偵探般尋找線索的故事。其中一個最戲劇性的例子，就是他從一位十一歲德國小男孩磨得破爛的滑板鞋上，找到了今天的孩子真正追求的目標，用來扭轉樂高公司（Lego）的產品設計與經營方向，讓樂高從之前的一蹶不振，反彈成為世界玩具之王。

各家的門道都能帶給我們啟發，因為消費者的隱性目標始終是個不易捉摸的幻影，大家都是在想辦法摸象的瞎子。能夠參考愈多人用不同方式摸到的東西，就一定愈能幫助我們接近全貌、接近真理。

點亮品牌主張的引信

消費者想要實現的目標，特別是隱性目標，就像是連著一座火藥庫的一根小小引信，如果你有幸找到它、將它點燃，就能引發一場驚天大爆炸。只要抓準了消費者目標，你就大有機會點燃一個有效的品牌主張。在所有成功的品牌案例中，你都能找到這樣的關係。

有一個案例我一直列為經典中的經典，就是萬事達卡（MasterCard）在一九九七年推出的「無價時刻」（Priceless）宣傳活動。這個主張直到今天已經延續了二十幾年，早已昇華成為萬事達卡品牌基因的一部分。

當時服務於麥肯廣告（McCann Worldgroup）的凱文・艾倫（Kevin Allen），是當年負責參加比稿及後續實際執行工作的策畫人員，他曾介紹這個品牌主張的誕生故事，當時的萬事達卡與其全球對手 Visa 卡早已成為兩大巨頭，近身肉搏多年。問題是，兩者之間的產品同質性極高，從服務內容到服務據點數量其實大同小異，如何能從品牌層面開始，讓萬事達卡對消費者產生不同的意義，從而形成鮮明的競爭差異，這是當年客戶交給所有參加比稿廣告公司的大哉問。

經過大量的調查與訪談，當時的麥肯團隊找到一個很漂亮的隱性目標：在西方市場，信用卡預支消費早已是一種普遍的習慣，「先享受，後付款」的彈性也導致過度消費惡習的蔓延。於是大量使用信用卡循環信用的重度使用者（正是信用卡公司的主要顧客），被人們貼上了亂花錢、不懂得節制的負面標籤。

在挖掘這些「敗家者」內心世界的過程中，發現他們看似揮霍的購買行為，其實都有背後的原因，像是為了扶養孩子，以及透過信用卡的預支與周轉讓家庭經濟得以維持等。於是團隊找到了這群人心中的這項洞察：「我們不是愛亂花錢，我們只是想給自己在乎的人一個更好的生活。」（其實我覺得，這個點同時也給了那些真的亂花錢的人一個光明正大的理由，來合理化自己的行為。）

受到這個隱性目標的啟發，麥肯的創意總監強納森·克藍寧（Jonathan Cranin）寫下了這段不朽金句：「有些東西用錢永遠買不到，除此之外，萬事達卡為你達成。」（There are some things money can't buy. For everything else, there's MasterCard.）從此，萬事達卡開始走上一條把 Visa 卡拋得老遠的路，在全球消費者心中占有獨特的意義。當然，麥肯也在這場世紀大比稿中贏得了這個大客戶。

一九九七年，萬事達卡正式推出這個品牌主張的第一支廣告片「棒球篇」（參 QR Code 2），內容很簡單，是一個很普通的爸爸帶著十一歲兒子去看棒球賽的場景。讀一下它的旁白，你就能體會它所要訴說的主題——「無價時刻」：

兩張門票：二十八美元

兩份熱狗、兩桶爆米花、兩杯汽水：十八美元

一顆球員親筆簽名球：四十五美元

QR Code 2

一次與十一歲兒子的真誠對話：無價
有些東西用錢永遠買不到，除此之外，萬事達卡為你達成。

怎麼樣，有沒有起雞皮疙瘩？這就是高明廣告人所能施展的魔法。但你也能感受到這樣的故事之所以動人，是因為背後有一條大家心中都有的情感線索，一被撥動，你的靈魂就會產生共鳴。這就是從消費者的隱性目標銜接到品牌主張的標準案例。

找到目標，讓華航蛻變

挖掘消費者目標或消費者洞察，一直是台灣廣告圈很重視也努力的重要工作，在許多膾炙人口的成功案例中，都能清晰看見消費者目標的痕跡。像這幾年做得非常亮眼的中華航空，就是一個把消費者目標切得既準又漂亮的例子。

當時一砲打響的「說好的旅行呢？」（參 QR Code 3），完美地刺進了多數人對旅行多少存在的拖延心態；說好的旅行，往往因為各種理由而無法兌現，這種隱隱的虧欠，就成了大家想要去彌補的內心缺憾。就這一個點，一下子就勾起了消費者付諸行動的動力與衝動。而後來乘勝追擊的「旅行帶給你的紀念品」篇（參 QR Code 4），則喚醒了人人對旅行這件事共有的嚮往——旅行總會為你的人生帶來些什麼，所以要去實現這個目標，趕緊搭乘華航去旅行吧。

QR Code 3

QR Code 4

這些令人耳目一新的廣告，一定程度上也改變了華航的品牌地位；在國籍航空公司中，就實際的品質與服務而言，可能華航與長榮的差別不大，但一次次的廣告成功深入人心，就會拉開華航與長榮之間的品牌距離，讓華航與消費者站得更近，顯得更年輕與摩登，更容易在人們一產生需求時，成為第一個在腦海裡冒出來的品牌，於是更容易成為旅行的首選。

台灣廣告界鬼才葉明桂就常說：「品牌要的不只是消費者的『偏好』，更是要消費者的『偏心』。」說的就是這個道理。（順便替阿桂打個廣告，如果還沒讀過他的熱門暢銷書《品牌的技術和藝術》，建議不要錯過，桂爺的獨門絕活盡在其中。）

用普世價值擴大打擊面

關於消費者隱性目標的挖掘，還有一個重要問題要討論。現代行銷都有「市場區隔」、「目標對象」等觀念，也就是應該鎖定一（小）群精準而高價值的人群，專注地與他們溝通。那麼在界定隱性目標時，是不是也應該盡量窄化對象，根據目標人群的精準屬性去尋找他們的獨特目標？我的建議是，如果你想把生意做大，就要盡可能對著最廣的人群去建立品牌，盡可能滿足你品類裡的整體性需求，而不是當中細緻切割的差異化需求。如果你要滿足一個消費者的隱性目標，這個目標的涵蓋面愈大愈好，最好大到足以成為一個普世價值。

道理很簡單，如果你有機會切入一個品類裡全部消費者都需要的隱性目標，它具有影響這全部人的潛力，那為什麼要自我設限，畫個圈把品牌限在某一個局部空間裡呢？如果可以擁有一座森林，為什麼只守著一片樹叢呢？前面討論過的萬事達卡和華航等例子，其所滿足的隱性目標都是所有人都需要的普世價值，這樣才能創造最大的打擊面，觸及最多的人。

你可能會說，它們都是成熟大品牌，我的品牌還太小，不能那麼貪心吧。我舉一個中國市場的例子。在中國大陸，運動健身市場發展得很好，當中有一個叫做「Keep」的品牌，現在已經成為中國運動 App 當中的絕對領先者，目前估值達到二十億美元。而當它的規模還不大的創業初期，就已經喊出一句非常亮眼的品牌主張：「自律給我自由」，我覺得這是過去幾年間中國品牌創造的品牌標語裡，少數最精彩的金句之一。這句話足以命中所有運動者的隱性目標，因為它準確反映了運動的根本心態與永恆糾結，所以它滿足了一個普世價值。

只要你從品牌創立之初就把品牌主張想清楚，並放眼於最寬的人群、立下最大的野心，你就可能如 Keep 一樣，長成最大的品牌。除此之外，就算你面對的是一個已經成熟的品類，其實還是可能存在著尚未被競爭品牌滿足的普世價值級消費者目標，因為過去做好這件事的品牌並不多。再說，隨著新的趨勢與生活方式變動得愈來愈快，你可能會發現你的品類裡有新的隱性目標冒出來。

如果你要在池塘裡捕魚，挑大池塘一定比小池塘有利。但在大池塘要有效捕到魚，你自然得用大一點的網子——覆蓋面愈廣的隱性目標，愈能幫你一網打盡。

落實三件事，品牌框架便成形

找到有潛力的消費者隱性目標，品牌主張就知道該從哪裡切入。品牌主張形成之後，便能據以發展品牌聯想，包括品牌聯想詞與品牌情緒板兩部分。當這三個關鍵元素都規畫完成，並逐步落實在品牌行動的方方面面，久而久之，我們所期望的品牌框架就會長出來。

如果要問在形成框架的過程裡，三大元素中哪個最重要？答案一定是品牌聯想。圖4-4三角形的上面兩格，嚴格來說是策略規畫工作，是企業內部的紙上文章，是消費者接觸不到的商業文件。當然，品牌主張應該會變成一句品牌標語，而它是品牌精氣神的凝聚，會掛在商標下面，到處出現，其關鍵性不言可喻。但真正在日常一點一滴中指導一切，讓企業的一舉一動呈現濃濃品牌味的，是品牌聯想，這才是決定消費者心中品牌印象如何累積的關鍵指引。而這些印象最終會堆積成框架效應中外層的框框，光靠品牌標語是絕對做不到的。這就是過去以品牌標語為終點的品牌策略不足之處。這個新的品牌模型，就是要讓品牌策略從此得以完整、完善。

說到這裡，針對身處於廣告代理商的朋友們要多補充一個訊息，就是關於創意人員的參與。傳統上，策略工作是屬於策畫人員的工作範疇，當然厲害的業務人員也能做好這件事；而創意部門通常只是在執行工作階段接收具體工作指令的人，不太會參與前期品牌策略方向的討論。但在這個新的品牌思考模式中，創意人員必須參與且責任重大，因為在品牌聯想的規畫與設定上，需要的不只是邏輯，更是對品牌理想樣貌的描繪，以及對品牌風格與格調的界定，這些都需要最擅長於掌握抽象形象與美學思考的創意人員的貢獻，尤其是品牌情緒板，更絕對是屬於創意人員的專業領域。

如果你要用工作坊的方式進行品牌聯想的討論，千萬不要遺漏創意人員！創意人員的參與，除了能更鮮活精準地將品牌聯想描繪出來，更能讓他們共同參與品牌的孵化過程。這種擁有感（ownership）非常重要，因為真正進入落實品牌的日常工作時，靠的還是他們，如果創意人員不認同或無意將品牌聯想灌注在所有作品中，則一切規畫終將功虧一簣。

另外，在品牌策略開始落實之後，大家對於消費者心中品牌框架的形成一定要有耐心，這絕非一蹴可及，因為你得等待消費者慢慢捕捉你釋放的一點一滴訊號，在大腦中累積，這需要的是品牌長期的堅持工夫。當然，如果你的廣告量夠鋪天蓋地，也許可以縮短時間，但也絕不會發生在一朝一夕。只要堅持，效果一定會慢慢浮現。

道理大家都懂，但在行銷團隊與行銷主管在職壽命愈來愈短、變動愈來愈頻繁的今天，這種堅持其實愈來愈難（據統計，現在全球行銷總監在一家公司的平均壽命只有十八個月）。通常新進行銷負責人上任的第一件事，就是動手修改甚至重塑前人留下的品牌形象。正因如此，品牌策略的地位絕對必須上升到企業的戰略層面，由公司高層把握，執行長或總經理必須避免任由品牌的樣貌隨內部的各種變動而反覆翻新，否則只會不斷回到原點、不斷歸零，永遠長不出品牌框框。

圖4-4三角形中的三個元素屬於品牌核心策略部分，都還是規畫層面的工作。再好的規畫若沒有好的落實，都是空談。要將策略真正落實，除了泛泛而談的「行動的方方面面」之外，能不能讓落實工作更有的放矢，避免「我不知道該從哪裡開始」的問題。第三部就要來討論，品牌策略應該如何有效實現。

小提示．大重點

- 品牌策略只為解決生意問題而存在。從蘋果到麥當勞、從全聯到小米，品牌策略背後都有清楚的生意思考。
- 「品牌的生意要從哪裡來」是對品牌策略最關鍵的指導，才能明確 Who，然後才有 What 和 How。三者順序不可改變。
- 人們雇用品牌，只為滿足目標。品牌在我們的生活中，其實沒那麼重要；只有當我們有需求的時候，才會想起品牌。

• 消費是為了滿足「目標」——「人們要買的不是四分之一吋的電鑽，他們要的是四分之一吋的孔！」

• 買特斯拉不是為了從A地到B地的移動需求，買蘋果筆電為的不只是一台可以用來工作的電腦。人們真正要滿足的不是顯性目標，而是隱性目標。

• 品牌要在所滿足的隱性目標上形成差異化；賓士、BMW、Land Rover、富豪等名牌車所滿足的隱性目標完全不同。

• 隱性目標藏得很深，而我們的大腦是替行為找理由的超級高手。左右腦切割的研究，證實了左腦理直氣壯胡編亂造故事的能力。這是行銷工作挖掘隱性目標的一大障礙。

• 訪談是最有效的祕技；登門入戶才能發現客廳與臥室的電視品牌為何不同，聽出富太太在護理珍貴衣物煩惱中的弦外之音。

• 抓準消費者目標，品牌主張才會亮。萬事達卡的「無價時刻」、準確切入人們旅行目標的華航，就是從消費者的隱性目標銜接到品牌主張的精彩案例。

• 用普世價值擴大打擊面。挑大池塘捕魚一定比小池塘有利，但你需要更大的網。Keep的「自律給我自由」命中消費者的隱性目標，滿足一個普世價值。

• 落實「消費者目標」、「品牌主張」、「品牌聯想」這三件事，品牌的框架就會長出來。當中最重要的是「品牌聯想」。

停一停・想一想

- 「人們要買的不是四分之一吋的電鑽，他們要的是四分之一吋的孔！」思考一下你經營或負責的品牌，人們在購買中能夠滿足的隱性目標可能包括哪些？什麼是你能幫他們實現的「四分之一吋的孔」？當中的哪一點是你最有機會的切入點？
- 找一支你最喜歡的廣告片，想一想它為什麼打動你？它滿足了你內心怎樣的深層次需求？命中了你的什麼隱性目標？

第三部

品牌落實的關鍵工作

什麼是「品牌恆星」？對於品牌落實有何重要？
系統一選擇品牌的核心指標是什麼？
如何融進品牌行銷宣傳？

第五章

從品牌策略到落實

經手每一個品牌策略工作，做完之後都會被問到：「接下來我們該怎麼落實品牌？」

能實踐的策略才完整

沒有真正被落實的品牌策略都是紙老虎，藏在幾百頁的簡報裡，卻一口也沒咬到消費者。

一般的常規做法，就像第一章提到的，不外乎更新品牌識別系統、對內進行正式宣告、企業份量夠的話召開一場記者會、大張旗鼓推一波品牌主題宣傳、在日後所有傳播素材上加上品牌新標語……，大致上是這些。前面一直在強調品牌需要長時間的累積，所以你一定也能判斷，前述這些只能算是品牌落實工作的起點，但絕對不夠。

可是該怎麼辦呢？日常還是有那麼多的產品要推、促銷要打、各種週年慶或購物節要宣傳，總不可能把一切資源全拿來養品牌吧？當然不可能也不需要。其實品牌本來就是企業一切所作所為的總和，所以你也可以把這件事想得很簡單，即做每一件事都是在經營品牌。既然如此，你甚至未必需要用一大筆預算去推一個品牌宣傳活動，反而要規畫清楚的是，我們該如何在日常的每一個案子、每一次接觸消費者的機會，同時兼顧好品牌形象的經營工作，這才是最實際的品牌落實之道。

我們可以這樣比喻：企業每天要做的事情很多，不只是與行銷傳播相關的事，還有銷售、客服、門店甚至物流等一切。這些事當然各有各忙，而品牌就應該是「每一件事頭上戴著的同一頂帽子」，讓每一件事都有一個相同的樣貌，留下相同的痕跡，帶給眾人相同的印象。沒錯，這就是品牌聯想要去管理的東西。

不過這樣講似乎仍有點模糊，可操作性也還不太夠。再具體一點分析，要確實落實品牌策略與品牌聯想，「我們應該做好哪幾件事？」有人從科學角度找到了這個答案。

答案就在「三有」

創立於英國的一家公司由一群行為科學家組成，矢志要透過各種針對大腦認知領域進行的科學測試，為行銷界找到更具科學實證也更有效的規律與原理。他們研究品牌，也探討廣告、產品創新甚至通路購物行為等多方面的行銷要素。這家有意思公司的名字也很有意思，叫做「系統一」（System1），對，就是前面一直在討論的系統一。他們希望用這個名字表達核心理念，也向創造系統一的康納曼致敬。真的是一家非常酷的公司。

在他們的品牌認知研究中發現，一個品牌要能成功，有三個必須達到的絕對關鍵要素，剛好是三個F開頭的英文字，我將它們翻譯成「三有」——「Fame」（有名）、「Feeling」（有情）、「Fluency」（有形）。透過大量的研究，他們發現在人們的認知中，愈是能把這「三有」經營得愈突出的品牌，生意就愈好，品牌就愈強，因為這「三有」是人們大腦中系統一自動選擇品牌時的三大指標，所以也是品牌在日常落實工作中要全力做好的三大要務。這簡直是在品牌研究領域裡發現新大陸級的重磅新知！

受到「系統一」公司的啟發，我借用他們找到的這三個F，把這三項品牌的關鍵落實工作，整合進品牌策略的規畫思考中，到此完成我們的品牌模型，成為一個星形的形狀，命名為「品牌恆星」，如圖5-1。

圖中的正三角形是前面詳細討論過的品牌核心策略部分，屬於內部的規畫工作，代表品牌策略的核心邏輯，包括「針對怎樣的消費者（隱性）目標」、「樹立怎樣的品牌主張」、「塑造哪些品牌持續不變的聯想」。外圈的倒三角則是對外落實品牌策略的三大工作，以品牌主張為最高指導原則，基於品牌聯想所規範的品牌樣貌與風格，把「有名」、「有情」、「有形」三件事落實在品牌日常的方方面面工作裡。

而「三有」當中，「有名」是最根本的要件，我把它放在根基的位置；「有情」、「有

圖 5-1　品牌恆星

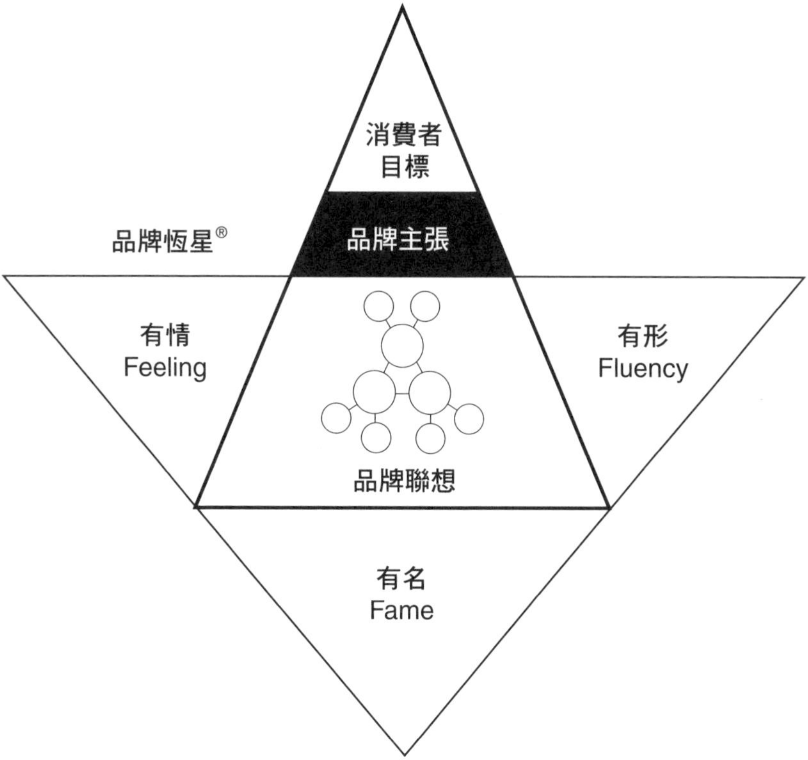
消費者
目標
品牌主張
品牌恆星®
有情
Feeling
有形
Fluency
品牌聯想
有名
Fame

形」如同兩片翅膀，壯大之後就能讓品牌添翼起飛。「有名」通常是行銷要達成的終極指標，並與品牌的市場占有率息息相關，而左右兩邊的「有情」和「有形」最終的貢獻，也會指向並回歸到最下面的「有名」中。

「三有」各有清晰的心理學成因與落實方法，接下來將一一介紹。

第六章

品牌落實關鍵一：有名

讓我先問一個問題：你經常搭飛機嗎？如果是的話，那我再問一個有點觸霉頭的問題：你會不會擔心發生航空意外？如果和搭車相比，你覺得飛機比較安全還是汽車比較安全呢？

好像大家都覺得飛機比較危險。一提到航空意外，新聞畫面與故事就會浮現在我們腦海，像是折斷的機翼、燃燒的殘骸、天人永隔的親人……

好，夠了。如果這些印象讓你心裡發毛（而不巧你正在飛機上讀著這本書），那我要告訴你一個能讓你寬心的事實：其實搭飛機遠比搭車安全得多。根據統計，全世界每發生五百萬起交通意外的同時，只會發生二十起航空意外。鬆一口氣了吧？

可得性捷徑的誤導

既然兩者之間的發生機率差別如此懸殊，為什麼我們的印象與事實完全相反，會直覺認為搭飛機好像比較危險呢？

這種錯覺來自於大腦中的「可得性捷徑」（availability heuristic）。簡單來講，我們的大腦有一種慣性，如果某個訊息能讓我們最快回想起（recall），我們自然就會覺得這個訊息比較重要、比較真實，所以總會比較看重容易想到的、最近剛獲得的、印象比較鮮明的訊息及其背後的事物。

我們對飛航安全的印象，正是被可得性捷徑誤導的結果。因為每當有航空意外發生，媒體總會大肆報導，且往往充滿嚇人的災難畫面和人倫慘劇，給我們留下深刻的印象。相對而言，交通意外很常見，一般見怪不怪，這類新聞多半也都過目即忘。所以一聽到我的問題時，你的大腦很容易會從那些印象深刻的墜機意外畫面裡提取資訊。因為這些資訊容易取得，我們就會直覺認為它們比較想得起來、比較常見，於是錯誤判斷發生機率，覺得飛機更容易出事，應該更危險。

如果把可得性捷徑的原理套用在品牌上，就很容易理解為什麼品牌知名度是品牌行銷上最重要的指標。其實正是相同的道理，品牌的名字愈容易被我們回想起，就愈會覺得這個牌子比較好、比較重要。在我們心中，知名度會變成熟悉感，然後轉而成為偏好度，科學上有大量實驗證實了這一點。

愈熟悉愈喜歡

早在一九六〇年，心理學家羅伯特．柴恩斯（Robert Zajonc）就進行了一系列相關的實驗。他讓受測者看一些不同的圖形，包括隨機的幾何形狀、無意義的圖形，以及一些類似中文的文字（對象當然是不懂東方語言的西方人），然後問他們比較喜歡哪一個。經過反覆實驗，發現一個很簡單的規律：人們會自然喜歡看過最多次的形狀與文字，純粹只是因為他們感覺熟悉。

這在心理學有個名稱叫做「單純曝光效應」（mere exposure effect），說的就是我們接觸愈多、愈熟悉的事物，我們就會傾向於愈喜歡它們，不管那是一個字、一幅圖畫、一首歌，或是一個品牌。

人類為什麼會形成對於熟悉感的先天偏好？科學家有個一針見血的解釋：「這是我們的祖先在演化過程中發展出來的自我保護能力，道理很簡單，如果你能認出自己看過的動物或植物，就代表它還沒有殺掉你。」

聽過的就是夠好的

從這種效應的角度，就能解釋品牌知名度在生活中發揮的作用。假如你正面對一個很少接觸或陌生的品類，對於產品的知識又很欠缺，完全不知從何選擇，這時在選項中看見一個聽過或認識的品牌，你便會自然地對它產生偏好與認同感。這就是為什麼運動比賽的場邊會有那麼多品牌要去搶廣告位的原因，雖然露出的只是一個名字或商標，但許多名不見經傳的品牌就能藉由這樣的曝光，讓你對它留下些許印象，等到有一天你進入購買情境要挑選品牌時，很容易不自覺地對它產生偏好。另外，像是節目冠名之所以受到青睞，也是相同道理。

當然可以想見，「你聽過的品牌」不等同於「最好的品牌」，透過這種捷徑選擇的商品不一定是最佳的選擇，這就是系統一可能存在的誤差與瑕疵。不過在大多數時候，品牌還是代表著一定程度的品質保障，也就是前面提過「夠好」的概念；「夠好」也許不是「最好」，但能讓生活變得輕鬆簡單些，省下大量時間與心力，同時還能讓你感覺比較愉快。

德國慕尼黑大學（Ludwig-Maximilians University in Munich）放射線科醫師克麗絲汀．波恩（Christine Born）進行過一項大腦對品牌知名度的反應研究，發現知名品牌會激發大腦中正面情緒區塊以及自我認同和獎勵區塊的反應，讓人感覺比較開心，而且處理資訊時比較不耗費大腦精力。如果大腦收到的是不知名的品牌訊息，除了比較費力之外，還會啟動和工作記憶與負面情緒反應有關的區域（可能因為大腦拚命在思考「這個是什麼啊？」）。

所以建立品牌的第一要務，就是要讓品牌「有名」，這一點應該是最直接也最容易理解的。如果預算有限，只能為品牌做一件事，就請全力提高它的知名度，讓更多人覺得

「我知道這個名字」。

重複、重複、再重複

該怎麼做才能持續提高品牌的知名度，以創造更廣泛的品牌偏好度？其實非常簡單，就是「重複、重複、再重複」。

〈蒙娜麗莎的微笑〉是李奧那多・達文西（Leonardo Da Vinci）的傳世巨作，大概沒人不知道這幅作品。它可能是全世界最有名的一幅畫，也是金氏世界紀錄上全球保險金額最高的畫作。但這一切是否就代表〈蒙娜麗莎的微笑〉是全世界藝術價值最高的一幅畫？而這幅畫的價值怎麼會一步步走到今天的崇高地位？

其實在十九世紀中期，這幅畫的價值僅為九萬法郎，遠不及當時羅浮宮中其他的名畫。戲劇性的轉折發生在一九一一年八月十一日，一名小偷溜進羅浮宮偷走了這幅畫，引起震驚與矚目。此後有好多年，〈蒙娜麗莎的微笑〉都不知去向，直到小偷在義大利想將這幅畫脫手時被逮個正著，畫作才得以戲劇性地重現人間，而修復與歸還的工作又在國際上成為大新聞。

接着從一九一九年起，各路藝術大師開始接龍般地惡搞這幅作品，包括馬塞爾・杜尚（Marcel Duchamp）、薩爾瓦多・達利（Salvador Dali）、安迪・沃荷（Andy Warhol）等藝術巨匠，都拿這幅畫再創造了各式各樣的二次畫作，讓蒙娜麗莎這張大臉一次又一次為世人所注目與注視，直到今天變得無所不在。

在超過一世紀的時間裡，這幅畫因為各種因緣巧合，重複再重複地在世人眼前曝光，成為知名度最高也是全人類最熟悉的一個微笑，這當中創造的全球級偏好，自然造就了今日無與倫比的全球級地位。今天的國際藝評界都對這幅作品給予高度的評價，但深究原因，究竟是因為藝術價值高而受歡迎，還是因為受歡迎而大家都說好？這其實是一個很吊詭的問題。

如果仔細觀察，我們身邊存在很多類似的現象，像是流行音樂的市場運作，就是常被拿來研究的課題。正如同〈蒙娜麗莎的微笑〉一樣，在好幾首都還滿好聽的新歌裡，為什麼某一首能脫穎而出成為熱門金曲，其他幾首卻始終默默無名？區別往往就在「重複度」。如果一首歌被刻意宣傳，收音機裡不停播放，電視上老是看到，KTV裡一直在唱，就會讓更多人無意之間重複聽見它的旋律，因重複而熟悉，因熟悉而偏好，這就是為什麼打歌一直是唱片公司的重要宣傳工作。所以我們要認清一個赤裸裸的事實：在商業世界裡，受歡迎、第一名在很大程度上是可以被操控的。

對於重複的力量，康納曼是這樣說的：「讓人們相信錯誤資訊的有效方式，就是不斷重複它，因為人們很難分辨熟悉感與真相之間的差別。」一九三〇年代，納粹宣傳部長約瑟夫．戈培爾（Joseph Goebbels）也說過這樣一段話：「宣傳一定要簡單，而且要不斷重複。從長遠來看，只有把問題簡化到最簡單的形式，並且有勇氣以這樣的簡單形式不斷重複的人，才能達到影響公眾輿論的效果。」當然我們不是要向納粹學習，但他的確說出影響人心的有效技巧與真理。

所以記得，要讓你的品牌更有名，最簡單的辦法就是「重複、重複、再重複」。不是有句話說「重要的事講三遍」嗎，就是這個道理。

知名度與市場占有率的關係

既然品牌知名度能夠創造消費者的偏好，那麼自然能帶動生意。原理是這樣的：在日常還算熟悉的品類上，每一個人的心裡都會形成一個品牌清單，這份清單通常能裝進的品牌平均三至四個。像是如果講到手機，我立即會想起來的有蘋果、三星、小米、OPPO，其他的可能就要稍微想一想才說得出來。

品牌知名度的功能，就是把你的品牌放進這份清單當中。當然，知名度愈高，人們就愈容易想得起來，愈能排在心中清單的第一位，也就更會受到偏好，有更多機會被選擇，於是取得最大的市場占有率，這就是為什麼通常品牌第一提及知名度（top-of-mind awareness）的占有率，會與品牌真實的市場占有率對等。

針對知名度的衡量方式，順便做一點補充說明。

前面提過，知名度需要透過量化調查的方式進行消費者抽樣研究，在調查的統計中，對於知名度有幾個層次的不同衡量指標。通常詢問消費者的順序如下：

首先會問的是：「講到這個品類，你第一個想到的品牌是什麼？」消費者的答案就是「第一提及知名度」，每個人只會有一個答案，也就是他心目中在這品類裡最知名的那個品牌。這個占比通常會對應品牌的市場占有率，所以這是知名度調查中最重要的數字。

然後調查問卷會再問第二個問題：「還有呢？你還會想到哪些其他品牌？」這部分的回答叫做「未提示知名度」（unaided awareness），是消費者能主動想到的品牌名稱；能在當中出現者，代表至少消費者還能主動想得到。

到了第三個問題，研究方就會把品類中的所有品牌列成一張表格給受訪者看，問他「這裡面還有哪些品牌是你知道的？」。這部分的知名度叫做「提示後知名度」（aided awareness），代表消費者看到名字後，起碼知道你的品牌存在的人有多少。

三者當中，你必須最看重的就是「第一提及知名度」，而市場領導者一定是第一提及知名度最高的品牌。所以下次如果有人要跟你討論品牌知名度，請明確他要討論的是哪一層的知名度。

知名度就是滲透力

品牌知名度與品牌的市場占有率息息相關，因此讓品牌更「有名」，在行銷上的意義，就是擴大市場占有率。對行銷部門而言，能為銷售部門提供的最直接助力，就是把品牌變得更有名。

「有名」能夠擴大市場占有率，是因為知名度會推動品牌在市場上的普及率或滲透率

（penetration）的增加，也就是有更多人開始使用你的品牌。這來自於一個很簡單的道理：知名度能讓原本不熟悉品類的輕度與非使用者在進入品類時，更容易直接選擇你，因為他們不熟悉，往往購買的就會是當中知名度高的品牌（像我很少買瓶裝水，所以當我要買，就會買我第一個能想到的「多喝水」）。

所以我們也可以這樣歸納：品牌的知名度，代表了品牌的滲透力。既然「有名」這麼有用，要讓品牌變有名，除了對品牌名重複、重複、再重複地宣傳之外，還有什麼要注意的事？

要讓人們更容易想起你，另外一個關鍵就是品牌所滿足的隱性目標，也就是策略模型最頂端的思考起點。當消費者出現某個需求時，大腦會迅速在一個範圍內自動找答案，一種範圍是品類（我知道的豪華車品牌有哪些？），另一種範圍就是目標（能讓我看起來最體面的汽車品牌有哪些？）。這就是為什麼有名雖然很關鍵，但品牌要真正強大不能光是有名，還需要樹立品牌主張並塑造聯想的原因（否則所有品牌只要無所不用其極地喊叫品牌名就好了……好啦，我同意「感冒用斯斯」也是喊得滿有效的）。

不管是品牌知名度或品牌與消費者目標之間的關聯度，都是在讓人們更容易想起你，建立的是品牌之於消費者的「心理可得性」（mental availability），通常主要透過品牌與廣告宣傳達成。

但是千萬不要忘了，還有一塊同等重要的是品牌的「物理可得性」（physical availability），也就是消費者在實體世界有多容易看到／找到你的品牌。這一塊的關鍵就是鋪貨，在今天，包括了實體通路的鋪貨與電子通路的鋪貨。而所謂鋪貨，不只是讓產品進到更多門市與電商平台，更包括品牌與產品在通路的可見度：你要出現的地方應該是貨架上與購物者目光高度接近的位置，而不是要他們彎腰或趴下才能發現的角落；你要搶的是消費者手機上刷出的第一或第二頁，而非刷到第五十九頁才手指抽筋地找到你。我想這非常容易理解。如果品牌沒有實現物理可得性，知名度再高、廣告砸再多也是枉然，因為消費者根本遇不到你的產品。

別以為這是三歲小孩都懂的道理，在真實世界裡，這種鋪貨跟不上的問題其實多得不得了。

小提示．大重點

- 我們為什麼會覺得搭飛機比搭車可怕？這是因為大腦的可得性捷徑：如果一個訊息能最快回想起，我們就會覺得這個訊息比較重要、比較真實。
- 品牌知名度是品牌行銷上最重要的指標；品牌的名字愈容易被我們回想起，就愈會覺得這個牌子比較好、比較重要。

- 想起「這牌子我聽過」，就會不自覺地對它產生偏好。所以運動場邊的廣告位那麼搶手。所以節目冠名會如此有用。
- 提高知名度很簡單，就是要重複、重複、再重複，這就是為什麼〈蒙娜麗莎的微笑〉這幅畫會紅遍全球、熱門金曲要拚命打歌、納粹宣傳要不斷重複、重要的事要講三遍。
- 品牌知名度與市場占有率息息相關。品牌的第一提及知名度占有率會與品牌的市場占有率對等。
- 「有名」能夠擴大市場占有率，因為知名度會推動品牌在市場上的滲透率成長，也就是有更多人開始使用你的品牌。
- 品牌的知名度，代表了品牌的滲透力。
- 千萬不要忘了同等重要的品牌「物理可得性」，要讓消費者在實體世界裡容易看到／找到你的品牌。不只是鋪貨，更是品牌在通路裡的可見度。

停一停·想一想

- 回想一下你的生活周遭，有哪些品牌透過什麼管道，向你灌輸著它的「有名」？尤其在你日常接觸不多的陌生品類裡，品牌有哪些聰明的做法讓你對它們留下印象，等到你有一天產生需求時會自然願意選擇它？

• 你在經營或負責的品牌有多有名？在所屬的品類裡，如果要依知名度排序，你和競爭品牌分別會排在什麼位置？問問身邊與你的品牌不相關的人，他們會怎麼排？你能如何把你的品牌知名度排名往前提升？

第七章
品牌落實關鍵二：有情

你一定聽過「不在乎天長地久，只在乎曾經擁有」這句超級經典的文案，但你知道它的出處嗎？如果答得出來，抱歉，我不小心暴露了你的年齡。

不在乎天長地久

這是曾經紅極一時的手錶品牌鐵達時（Solvil et Titus）在一九八八年推出的廣告標語，由香港知名廣告人朱家鼎（就是鍾楚紅的老公……如果你知道她是誰的話）操刀。當時鐵達時推出了一系列以大時代為背景、蕩氣迴腸的大製作廣告片，動用的全是彼時頂尖的超級巨星，有梅豔芳、王傑、周潤發、劉德華（有沒有濃濃的懷舊情懷？），一步步把品牌推向影響力的高峰。當中最轟動的現象級作品❷，也是讓「不在乎天長地久，只在乎曾經擁有」這十四個字，晉升為華人世界不朽金句的一部廣告，就是周潤發和吳倩蓮主演、在一九九二年推出的「空軍篇」（參 QR Code 5），強烈建議你欣賞一下。

即使在近三十年後的今天，即使畫面已顯粗糙，這支廣告依然讓人很難不動容。當中的時代氛圍、情緒掌握、神級配樂，加上兩位主角無懈可擊的演出，直到今天都很難被超越。儘管看過無數遍，每一次播放，還是會覺得眼眶溼潤。

還記得當時鐵達時在台灣紅透半邊天的盛況，「不在乎天長地久，只在乎曾經擁有」這段話成了街頭巷尾的流行語，廣告裡的手錶也成為超級搶手貨，因為每一個女生都會逼男朋友去買一對背後刻著「天長地久」的對錶，作為兩人相愛的見證。這也再一次向世人證明了廣告蠱惑人心的魔力——僅僅只靠廣告，就能夠為品牌創造足以呼風喚雨的爆炸級能量。

情感推動人們做出決定

廣告運用情感來打動人心，早已是一種主流。從鐵達時的這個例子來看，訴諸情感的確可以非常有效。但為什麼感性訴求會有效？尤其是客戶大人經常挑戰的：「這好像什麼也沒說啊？」難道只要有本事讓消費者擠出幾滴淚，產品就會大賣？

行銷圈的人常用 emotional（感性的）這個詞來稱呼廣告所採用的情感路線，它的名

QR Code 5

詞emotion（情感）來自拉丁文字根movere，意思是「移動」。事實上，情感的根本目的就是推動我們產生行動。科學家認為，情感之所以具備強大的影響力，在演化上的意義，就是為了讓人類在遇到可能威脅時，能夠立即採取行動以保住性命。面對突如其來的危險，會引爆你的恐懼感，刺激你瞬間做出戰或逃反應（fight or flight response），這是我們最根本的求生本能之一。

今天我們當然不會隨時面臨生死交關的場景，但情感推動行動的本能，依然根深柢固地存在我們的基因中。情感推動行動，而行動的本質就是做出選擇，從古代在觀望與逃跑之間選擇，到現代在賴床與起床之間選擇。尤其在今天的生活中，我們面對的是人類有史以來需要做出最多選擇的每一天，像是工作時要決定選擇方案A還是方案B、中午吃飯要選擇吃麵攤還是吃簡餐……，而主宰這一切決定的仍是你的情感。所有我們自以為或看似理性的決定，其實沒有情感的參與，全都無法完成。

神經科學家安東尼歐．達馬吉歐（Antonio Damasio）做過一個非常有名的研究，他找到一些曾動過腦部手術的康復者，他們大腦中負責處理情感訊息的相關部位都已經受損，雖然看起來一切正常，但他們都失去了感受情感的能力。研究中發現一個很奇怪的現象，這些人有個明顯的共同點，就是他們都沒辦法做決定。雖然他們都說自己可以理

❷如果一件作品引發全社會的熱烈討論，便稱此作品為「現象級作品」。

性思考，但即使是生活中最簡單的選擇，像是決定吃雞肉或吃牛肉、選擇穿黑色還是穿白色，他們都沒辦法拿定主意。達馬西歐的結論認為，沒有情感的介入，我們什麼決定也做不了。

影響決策的情感捷徑

你可能會說：真的假的？買瓶飲料可能很憑感覺，但對於高成本、高風險的決策，像是買車、買房子、換工作，這些決定不可能不理性吧？其實在這些重大決策上，真正做決定的依然是你的感覺，也就是系統一；你的理性評估，往往只是為系統一的決定乖乖背書的橡皮圖章，同時留給你一種理性判斷的假象。

其實愈是重大的決策，愈會牽涉到複雜多樣而難以全面衡量的參數。就拿買房子來講，面對不同的選擇，你要考慮的可能有房價、房齡、樓層、地段、環境、方位、格局、裝修成本、建築公司、鄰居有沒有養狗等等，要把所有條件都進行精確評估極其困難，加上看房子是一件超累人的事，所以你可以想像，最後真正決定的關鍵往往是你「感覺」哪一戶房子最對眼。這也是為什麼有經驗的房仲都知道該如何影響客戶的感覺，像是先帶你看一戶屋況較差的房子，接著再讓你看他真正想推薦給你的選擇，這樣會讓你對後者的偏好度更高。在國外，有心機的仲介會先在他主推房屋的廚房裡烘烤巧克力餅乾，讓你一進大門就聞到溫暖甜蜜、容易勾起美好回憶的香味，不自覺地喜歡上這間屋子。

我們自演化中形成的這種情感決策能力，在心理學上稱之為「情感捷徑」（affect heuristic），指的就是透過情感的影響，讓人們能快速高效地做出決策、解決問題的心理捷徑。關於這條捷徑，康納曼說：「我們問自己『我認為怎麼樣？』（What do I think about it?），往往太複雜、太難回答，於是會把它自動替換成一個更好回答的問題：『我感覺怎麼樣？』（How do I feel about it?）」所以情感不但能夠引導我們的決策，還可以把決策變得簡單。正因為如此，當面對一個能夠帶來正面情緒感受的選項時，我們就會對它產生直覺的正面評價；也就是說，一個東西能讓我們感覺快樂，系統一就會判斷這是個好選擇。

利用情感捷徑建立軀體標記

對於某個事物與正面感覺之間的連結，我們不只是在發生當下產生反應，這種記憶更會留在我們的系統一之中。我們就像是伊凡．巴夫洛夫（Ivan Pavlov）的狗一樣❸，會在學習當中自動產生條件反射，會根據自身經驗，把與事物相關的正面或負面感覺刻劃

❸這是俄羅斯心理學家、一九〇四年獲諾貝爾生理學／醫學獎的巴夫洛夫的著名實驗，他讓鈴聲與狗糧同時在小狗面前出現，久而久之，小狗只要聽見鈴聲就會流口水。

在潛意識中，當再次遇到相同事物時，系統一便自動把這個感覺提取出來。

拿我本身的經驗來說，記得小時候，媽媽在夏天時經常會煮綠豆湯。每當炎熱的週六中午放學回到家，打開家門就會聞到一股清香的綠豆湯氣味，於是「綠豆湯＝夏天週末的家」變成我的條件反射。長大後每次聞到綠豆湯，就會有一種夏天的幸福感覺湧上來，但我花了一點時間才想起這感覺從何而來。我想每個人都有類似的經驗。

這種「大腦為提高行為與決策效率，在情緒與事物間形成的連結」，達馬吉歐稱為「軀體標記」（somatic marker），就像是事物留在身體裡的一個記號。講到這裡，我想你一定也猜得到，品牌要能好好利用這條情感捷徑，就要在人們心中建立適當的軀體標記。道理其實很簡單，能讓系統一覺得快樂的品牌，就會被認為是一個好選擇。你對於一個品牌愈有（正面）感覺，你就會愈常買、買愈多，也願意付出更多錢。

加拿大瑞爾森大學（Ryerson University）的梅蘭妮．鄧普賽（Melanie Dempsey）等學者曾經做過一系列有趣的實驗，他們創造出一些不存在的虛擬品牌名稱，將其中二十個品牌配上正面的圖片與文字，另外二十個則與負面圖文組合在一起。然後將這些圖片混雜在上百張圖片中給受測者看，接著測試受測者對這些虛擬品牌的觀感。因為看了太多，受測者已經記不起哪個品牌搭配的是怎樣的圖文，但他們明顯比較偏好原本與正面訊息搭配的品牌名。這正是軀體標記發揮效果的方式，即使想不起它是怎麼來的，這些印象就是會影響你。所以只要能讓品牌與更多正面印象綁在一起，的確就能為品牌的產品與銷售大力加持。

所以，品牌「有情」就能在生意上創造價值。在具體的行銷層面上，系統一公司研究發現，消費者對於一個品牌的感覺有多強烈，直接可以用來預測品牌的未來成長力。他們指出，如果一個品牌在情感上的得分占比超過目前的市場占有率，之後的銷量一定會成長；反之，如果品牌情感表現落後其市場占有率，則銷量勢必下跌。因此，所有正在向上爬升的品牌，都具備比較強的情感能量。背後的成因就是前面提到的，情感主導了人們的決定，並簡化決策過程。如果品牌被植入正面的感覺與印象，當人們發生購買行為的那一刻，潛意識中的軀體標記與正面聯想就會輕輕推動消費者，讓他們選擇這個品牌。簡單來講，品牌的情感力就是品牌的成長力。

對不起，他很難愛上你

每當談到品牌與消費者之間的情感關係，有一個終極話題經常會出現：我們是不是應該讓消費者「愛上」我的品牌？雖然建立正面情感對品牌極其有利，但是現實上，真的會愛上你的品牌的人少之又少。

在行銷界一直有一種觀點，認為消費者與品牌間的關係，如同人與人之間的關係，最理想的狀態就是讓消費者愛上你，成為你的死忠粉絲，這樣牢不可破的親密關係，就是品牌忠誠度的最高境界。像是上奇廣告（Saatchi & Saatchi）前任執行長凱文．羅伯茲（Kevin Roberts）的著作《摯愛品牌》（*Lovemarks*）中，便主張品牌應該讓消費者愛上自己，成為消費者心中的「摯愛之選」，才是終極的成功。

但實際狀況是，人生中需要或值得我們愛的東西很多，品牌其實排在很後面。就像前面提過的，對消費者而言，品牌並沒有那麼重要。就以最具代表性的蘋果來說，感覺上「果粉」在全世界似乎是個不小的群體，但根據分析發現，即便強大如蘋果電腦，其重複購買的忠誠度並不比其他品牌高多少。當然，成功的品牌在社會上一定有一些超級粉絲，但他們始終只是品牌消費群體中的一小部分人。像機車迷心中的聖殿級品牌「哈雷」（Harley Davidson）就有一群死忠粉絲，但他們對企業生意貢獻的價值非常少，因為這類顧客的基數其實很小。

真實的情況是，品牌要被消費者更頻繁地選擇，需要的不是他們的愛情，而是他們的習慣，也就是讓他們總在不經意間由系統一對你的品牌進行自動選擇。所以品牌與生意要想愈做愈大，就要做好這幾件事：一、在消費者心中建立更多正面的情感印象，讓他們自然而然對你偏心；二、滿足多數人都具備的隱性目標，讓他們一有需要就自動找你解決；三、建立豐富、清晰的品牌聯想，在品牌身上掛滿聯想的鉤子，讓消費者很容易在腦海裡、在貨架上、在網購平台上鉤到你的身影。

絕大部分的消費者比較可能在手臂上刺的是另一半的名字或信仰的符號，而不是蘋果的商標。因此不要奢望消費者愛上你的品牌，只要經常選擇你就好。

情感廣告有沒有用？

品牌要在消費者大腦中建立更多正面的情感連結，讓品牌變得更「有情」，該如何實現？最直接的一個方法其實一點也不新鮮，就是製作情感性的廣告，尤其是廣告影片。廣告最能直接為品牌建立帶有正面情感的軀體標記。消費者心中如果被植入這些標記，到了有一天接觸到品牌時，好感與感覺便會油然而生，即使自己根本不記得曾看過它的廣告。

說到感性廣告，又會勾起這個行業裡的老話題：廣告，究竟應該走感性路線還是理性路線？或者兩者合一的相容路線？這個問題已經爭論了幾十年，關鍵當然是：哪一種比較有效？針對這個亙古難題，終於有人找到了科學證據。英國廣告從業人員協會（IPA）的萊斯．比奈特（Les Binet）和彼得．費爾德（Peter Field）花了多年時間，運用協會收集到的三十年來超過一千四百個廣告成功案例進行科學分析，找到了答案。他們比對的不只是品牌知名度、品牌形象等間接指標，更重要的是廣告在生意成長上所帶動的實際成效。

研究結果發現，在幫助品牌創造利潤成長上，感性內容廣告的效果明顯高於理性內容廣告。純感性路線廣告平均為品牌創造了三一％的利潤成長，而純理性廣告則平均創造了十六％的利潤成長，兩者相差近一倍。而將感性、理性相結合的二合一廣告內容，創造的平均利潤成長為二六％，仍遜於純感性內容的廣告。另外，從長期效益來看，感性廣告的效果能維持三至四年不墜（所以可以多用幾年，消費者看膩一則廣告所需時間比我們以為的長得多），但感性、理性二合一的廣告效果則隨時間快速下滑，跌到與純理性廣告差不多的水準。從各方面來看，純感性廣告的效果完勝。

除了廣告創造的正面情感推動消費者選擇品牌之外，感性廣告之所以比較有效，還有一些其他的原因：首先，人的大腦不需要經過認知，就能接收情感性的訊息。系統一往往在我們還沒有意識到的時候，就已經接收環境中的資訊，而這種現象在遇到情感性訊息時特別明顯。其次，我們的大腦特別容易受到強烈的情感刺激所吸引，並對這些刺激留下記錄，因為前面提過的演化需求，即情感刺激可能攸關生死。

情感廣告還有一些優點，瑞秋·甘迺迪（Rachel Kennedy）博士的研究發現，由於情感廣告比較容易吸引人的注意力，除了有助於銷售，廣告中的品牌也比較能被消費者正確辨識與記得。此外，加州大學爾灣分校（University of California, Irvine）市場學教授康尼·帕區曼（Connie Pechmann）和大衛·史都華（David Stewart）則指出，相較於需要耗費心力去理解的理性廣告資訊，感性廣告資訊更容易被消費者吸收，所以需要讓他們重複看到的次數比較少。

情感廣告不簡單

雖然情感廣告各方面似乎都表現更好，但是問題來了，好的情感廣告其實沒那麼容易做。首先，情感要拿捏得好，本來就很考驗功力。就像愛情戲，電影、電視天天在拍，但真正的蕩氣迴腸之作屈指可數。另外，現實中並不是每一個品類的商品都很容易用情感詮釋（汽車品牌可能就比汽車用品品牌容易訴諸情感），這也是品牌必須面對的先天限制條件。

如果你準備著手發展情感類型的廣告內容，下面有幾個提醒與建議：

一、**要就感性到底，避免理性與感性交錯**：除了之前提到的研究結果，發現二合一的廣告效果不如純感性廣告之外，卡內基梅隆大學（Carnegie Mellon University）也在另一項實驗中發現，當人們被事實與資料引導而進入分析型思考時，比較不會感情用事。他們以一項慈善捐款作為標的，發現受測者在閱讀描述非洲饑民苦況的募款資料之前，如果接觸到的是分析與計算性質的資訊，最後捐的錢比較少；而一開始先接觸感性類型資訊的人，則會在看完募款資料後捐出較多的錢。所以請避免在渲染情感的同時，端出理性資訊來把你的受眾推向理性思考，如此才能讓他們被徹底打動。

二、**情感絕不只是灑狗血**：每當談到情感類型的廣告，多數人直覺就是要拍一部情感大片，搞得觀眾一把鼻涕一把眼淚才算勝利（這種手法在行內稱為「灑狗血」）。其實人的情緒有好多種，多愁善感只是其中之一。品牌要用情感打動人，在消費者心中用情感建立軀體標記，選擇其實很多，例如快樂是一種情緒，恐懼也是一種很強大的情緒，這些都有非常成功的例子。其他如溫馨、放鬆甚至憤怒，也都是可以運用的情緒。舉一個我很喜歡的例子：福斯汽車有一支在美國超級盃（美式足球聯盟的年度冠軍賽）播過的電視廣告，是當年超級盃廣告裡觀眾評價最高的一支（參 QR Code 6），採用的就是完全不灑狗血的情感路線，觸動的是溫馨、會心一笑的情緒。所以，情感路線的選擇可以有很多種，千萬不要把賺人熱淚當成情感廣告的唯一標準。

三、**好好說故事：**當你不知道該怎麼表現某一種情感時，最好的辦法就是說故事。故事是人類亙古以來傳承文化與記憶最有效的方式，也是穿透人的防衛意識最聰明的技巧。故事就如同一枚糖衣炸彈，能在人們聽得津津有味的同時，將訊息與道理植入人心深處；當有一天遇見類似狀況時，炸彈就會在心中爆開，指導人們的判斷與行為。就像與其拚命跟孩子說教「勤能補拙」的道理，還不如告訴他們《龜兔賽跑》的故事；有一天想偷懶摸魚的時候，這故事裡的道理便會跳出來拉住他們。說故事近年來已成為一門顯學，有大量的相關書籍可以參考，如果想深入學習把故事說好的技巧，不妨花點時間研究。

四、給觀眾一個圓滿的結局：如果要用廣告說故事，不管是哀淒的或開心的，請在故事尾聲給觀眾一個圓滿的結局。康納曼曾提出「峰終定律」（Peak-End Rule），他發現人們對於一項經驗的記憶，來自於經驗中高潮頂峰以及最後結果的兩者平均值。所以情感廣告要有效，除了情節中的爆發點之外，最後還要安排好一個圓滿的結局。這就是為什麼電影總喜歡以皆大歡喜的情節來結尾，雖然似乎了無新意，但一個破碎的結局更會讓觀眾覺得悵然若失（最近剛好又看了《鐵達尼號》〔*Titanic*〕這部電影，最後女主角羅

QR Code 6

絲終老過世後，又回到船上與傑克及眾人重聚……連這麼悲慘的故事，都能高明地拉回到美好結局，實在了不起）。而許多慈善募捐宣傳之所以不成功，問題也出在這一點上：從頭慘到尾，沒有留給觀眾任何正面的期待。

五、力求製作上的精良：關於廣告片有一個沒得妥協的定律，即一分錢一分貨；所謂「小兵立大功」不是沒有，但你得碰運氣。廣告要訴諸情感，就得有足以蠱惑人心的渲染力，當中情緒力道有多足，取決於視覺、聽覺接收到的所有細節所共同營造的力場。力場要強大，就必須在製作條件上力求精良。所以，如果你決定用情感打動消費者，在製作上的投入就不要太吝嗇。打折扣的結果，就是在最後效果上打更多折扣，這是太多案例屢試不爽的教訓。

除了廣告，還有體驗

談了這麼多情感在廣告上的運用，我們得把視野拉回來：廣告是讓品牌「有情」的重要一環，但絕對不是唯一途徑！即使是不打廣告的品牌，一樣有辦法讓消費者對你產生強烈的感覺，畢竟品牌的框架來自日常消費者接觸當中一點一滴的累積，而廣告只是其中一部分。

首先，從行銷傳播層面來講，傳統的廣告（像廣告片）只能做到單向溝通，但現在我們早已進入雙向溝通的數位時代。要跟消費者建立情感連結，如果透過互動方式，效果當然會更好、更強烈，在體驗中獲得的情感經驗，會因參與而成為更深刻的印象。小到一則人們可以動動手指玩起來的手機線上遊戲，大到一場能身歷其境的互動藝術展；技術與軟硬體不斷創新，讓品牌有愈來愈多機會與玩法，可以讓消費者沉浸在品牌專屬的情感與感覺之中，相信大家都接觸過很多例子。當然，這些新玩法也可視為廣義的廣告。總之，有機會讓消費者跟你一起玩，就不要讓他只是坐著聽你講。

說到體驗，除了透過特別設計的傳播活動所創造的體驗機會之外，更頻繁也更關鍵的，是品牌與產品在日常接觸與使用過程中帶給消費者的直接感受，像是一開始舉例的無印良品，就是一個不靠廣告、但很懂得精準經營情感與情緒的品牌。從你走進店裡聞到的氣味，到耳邊響起的音樂，到空間刻意規畫的素雅原木與大量留白，再當你拿起一件產品，自成一格的產品標示、極其簡約的工業設計、始終如一的純白主色……，每一個元素都在重複刻劃無印良品在你心中那獨一無二的調調與感覺。所以千萬不要小看你的品牌，動動腦筋，想想你的產品或銷售環境，在提供功能之餘，能不能多給顧客一點點情感的觸動？

除了體驗，還有感官

感覺、感覺……我們感覺事物，可不是光靠視覺。在經營品牌的感覺上，現在愈來愈被重視的新興領域，就是人的其他感官，包括過去比較忽視的聽覺、嗅覺乃至觸覺、味覺。只要有機會，盡量讓人們用五官去感覺，會讓你的品牌感覺成形得更快。

關於聽覺與消費的關係，亞德里安・諾斯（Adrian C. North）、大衛・哈格雷夫斯（David J. Hargreaves）和珍妮佛・麥肯德里克（Jennifer McKendrick）三位學者進行過一個非常有名的實驗，他們發現在賣葡萄酒的店裡，如果播放法國樂曲作為背景音樂，法國葡萄酒的銷量會是德國酒的五倍；而播放德國音樂的時候，德國葡萄酒就會比法國酒賣得多一倍。重點是，買酒的客人絕大多數沒發現自己在店裡聽到什麼音樂。

羅納德・米爾曼（Ronald E. Millman）博士的另一個實驗也很有意思，他嘗試在商店、餐廳、酒吧等不同環境播放速度不同的背景音樂，再對照消費者的消費金額，發現一個有趣現象：購物時，音樂愈慢，人們買得愈多；音樂愈快，他們花的錢愈少。人們在播放舒緩音樂的餐廳裡用餐的時間，明顯長於放著快節奏音樂的餐廳（難怪速食店裡聽到的總是快歌）。花費上，在慢節奏音樂中用餐的人，用餐支出也相對高出了二九％。所以如果你在經營餐廳，就知道該怎麼做了。

而你一定體驗過、但可能沒想過其力量之大的，就是另一個感官：嗅覺。人類透過嗅覺喚起記憶與感覺的能力，其實遠遠超過視覺。

曾有一個很精彩的實驗，把兩雙相同的耐吉球鞋放在兩個不同房間裡。其中A房間飄著淡淡花香，B房間則沒有任何氣味。在消費者走完兩個房間並回答問卷之後，統計發現八四％的人說自己比較喜歡A房間的那雙鞋，而且在他們的估價中，A房間球鞋的價值比B房間那雙高出十・三三美元。賭城拉斯維加斯的哈拉斯賭場（Harrah's）則對比發現，在吃角子老虎區域的空氣中加入一些宜人的氣味，能讓賭客的花費提高四五％，可想而知，從此哈拉斯賭場在場中每一個角落都加入了這樣的香味。其實這是現在多數賭場都已採用的技巧，下次如果你要進賭場又不想花太多錢，最好戴上口罩。

正如康納曼所說，一個東西能讓我們感覺快樂，系統一就會判斷這是個好選擇。到這裡你應該會發現，品牌要讓消費者感覺快樂，其實有很多不同層面的機會與可能性。就像談戀愛一樣，愛不能光靠嘴巴說，只有在一舉一動中讓對方真正感覺到，才能打動他／她的心。

小提示．大重點

- 情感的根本目的就是推動（move）我們行動。
- 大腦中處理情感部位遭到損傷的病人，都失去了做決定的能力。沒有情感的介入，我們什麼決定也做不了。
- 買車、買房、換工作，做這些重大決定的依然是你的感覺，也就是系統一。房屋仲介會先給你看較差的房子；國外的仲介會先在屋裡烤餅乾。

●關於情感捷徑，康納曼說：「『我認為怎麼樣？』往往太難回答，於是我們會自動替換成一個好答得多的問題：『我感覺怎麼樣？』」

●一個東西能讓我們感覺快樂，系統一就會判斷這是個好選擇。

●品牌的情感力，就是品牌占有率的成長力。

●不要期望讓消費者愛上你。品牌要被消費者更頻繁地選擇，需要的不是他們的愛情，而是他們的習慣。蘋果和哈雷靠的都不是死忠粉絲。

●純感性路線廣告平均為品牌創造了三一%的利潤成長，而純理性廣告則平均創造十六%的利潤成長，兩者相差近一倍。

●提醒一：要就感性到底，避免理性與感性交錯。進入分析型思考，人比較不會感情用事。

提醒二：情感廣告絕不只是灑狗血，福斯汽車在美國超級盃的廣告，採用的就是完全不灑狗血的情感路線。

提醒三：「好好說故事」是表現某一種情感的最好方法，它就像一枚糖衣炸彈，遇到類似狀況就會炸開。與其對孩子說教「勤能補拙」，不如告訴他們《龜兔賽跑》的故事。

提醒四：給觀眾一個圓滿的結局，參考康納曼的「峰終定律」，以及電影《鐵達尼號》羅絲與傑克重聚的劇情安排。

提醒五：力求製作上的精良，預算打折扣，最後效果就會打更多折扣。

- 除了廣告，還有體驗。在體驗中獲得的情感經驗會成為更深刻的印象，無印良品便是經典例子。
- 除了體驗，還有感官，這就是為什麼葡萄酒店播放法國樂曲能讓法國酒大賣、有香味房間裡的耐吉球鞋價值較高、賭場加入香氣可提高客人消費。

停一停．想一想

- 想一想讓你印象深刻的廣告作品，有哪些案例成功運用了「有情」的原理，帶給你正面的情緒感受，走的卻不是賺人熱淚的灑狗血路線？
- 思考一下你在經營或負責的品牌，在哪些層面上有機會給顧客留下有溫度的情感印記？在產品體驗與服務體驗上可以怎麼做？在顧客的各種感官層面有什麼新鮮的好主意？

第八章

品牌落實關鍵三：有形

看看下頁圖8-1，告訴我，你看到了什麼？

我相信你看見了風景、看見了雲，還看見了一隻小狗，正扭頭望向後方。

人類總是會在各種地方看見「隱藏」的圖案，有時候是樹叢裡的一張臉，有時候是石頭紋路上的一隻烏龜，也因此許多渾然天成的岩石或自然景觀會被以形命名，甚或被視為神蹟而受人膜拜。美國就有人找到一條長得很像大猩猩的芝多司（Cheetos），在網路上炒到十萬美元的拍賣價，芝多司因此舉辦了一場「特異造型芝多司」的徵集競賽，獲得大量矚目與報導。迪士尼也曾以「找到你生活中的米奇耳朵」為題，辦過類似的徵稿比賽。

圖 8-1　隱藏圖案中，你看見了什麼？

流暢性捷徑帶來正面評價

雖然我們理智上都非常清楚，這些圖案的出現純屬巧合，但眼睛就是會看見它們。這又要歸功於我們無時無刻不在暗自運作的系統一。系統一隨時都在掃描與收集身邊的環境資訊或符號，找尋當中能夠識別的規律與模式，也就是任何能夠辨識、認識或熟悉的環境元素與組成方式。這種模式辨識（pattern recognition）的本能，讓我們每一個人天生就是一部「模式辨認機器」，而其目的還是來自於演化，能夠更快分辨眼前事物是否危險、植物能不能吃、山坡會不會垮下來，老祖先才能在艱難環境中存活下來。這與「三有」當中的「有名」也息息相關。知名會形成偏好，而模式辨識的能力，則幫助我們更快分辨什麼東西是原本認識而「知名」的。

這種自動辨識的機制，讓我們又衍生出另一項本能：每當遇見容易辨識、理解的事物或資訊時，就會讓系統一覺得處理起來又快又輕鬆，不需要消耗太多心智能量，感覺順暢、舒服、省力，因而對所辨識的東西產生正面評價。這也是心理學上的一條捷徑，叫做「流暢性捷徑」（processing fluency heuristic）。這裡指的「所辨識的事物或資訊」，不只是一般所指的文字或口語資訊，更泛指一切我們的五官與大腦隨時在辨識的任何東西，像是顏色、圖案、聲音、動作、氣味，當然更包括了產品包裝、商標、廣告等商業元素。

流暢性捷徑會讓系統一對於能帶來認知順暢感的事物自動給予較高評價，而對感覺不順暢的東西則評價較低。有一個很有趣的例子：對於一家要在股票市場進行第一次公開募股（initial public offering, IPO）的公司而言，要爭取投資人的青睞，自然要講出一些好故事，描繪企業無可限量的未來。研究發現，影響上市股價表現的變數中，居然有一項聽起來既不相關又不理性的要素，那就是企業的名字。根據統計，在美國上市的公司中，名字比較容易發音的公司，比較會得到華爾街投資人與交易員的偏好，而名字難唸的公司，上市初期的股價表現相對較差。這種效應會隨時間而逐漸減弱，因為這些公司的實際表現會慢慢為人所熟知。所以如果你的未來目標是去美國上市，最好在創業時，就先為公司取一個容易讓老外琅琅上口的名字，就像阿里巴巴（當年年輕的馬雲還是滿有遠見的）。

流暢與不流暢

流暢性捷徑的影響力無處不在，當然包括生活中的所有方面。專注於市場學的美國學者萊恩・艾爾德（Ryan S. Elder）與阿拉德娜・柯里希納（Aradhna Krishna），曾用圖片測試流暢性對於消費者購買意願的影響。猜猜看，你覺得圖8-2中的哪一張圖片，能勾起更多人的購買欲望？

如果你是右撇子，應該比較會選擇右邊這樣的圖。根據實驗結果，在慣用右手的消費者中，右邊這樣的圖能夠提升二〇%的購買意願。兩張圖唯一的差異就是左右相反，

圖 8-2　哪一張能勾起你的購買欲望？

看似微不足道，但對於我們（右撇子的）系統一的直覺而言，右圖的方向更順暢、更自然、更容易處理，這種流暢感會讓我們不自覺地對它評價較高。

再看看下面這兩句話，你覺得哪一行字對你比較有說服力？

這是一本決定你未來競爭力的書

這是一本決定你未來競爭力的書

許多研究發現，字體閱讀的難易度會直接影響閱讀者對內容的認知與評價。耶魯大學教授南森．諾凡斯基（Nathan Novemsky）曾用不同的字體，呈現一個電話產品的介紹資料，讓受測者閱讀後評估其購買意願。以容易閱讀的字體呈現時，只有十七%的人會拒絕購買；如果讀到的是比較難讀的字體，這個比例則上升到四一%。所以，千萬不要小看字體的影響，愈難辨認、愈小的字體，就愈會影響你的溝通效率與效果。

而不流暢性（disfluency）再嚴重一點的結果，就是傳達給人們一種錯誤的訊號。商業暢銷書作家德里克・湯普森（Derek Thompson）曾以下面的遊戲來解釋這種效應，你也可以試試看：

一、回想你最近看過的某部電影、電視節目或電視劇。

二、根據你的評價，初步打個分數：一分代表很差，十分代表完美。

三、再想想你喜歡那部戲或節目中的哪七個地方，請用手指一個一個數，數完七個為止。

四、數完後再做最後決定你要給它打幾分。

結果通常第四步的分數會比第二步低，因為在細數節目精彩之處的時候，數到愈後面會變得愈難回想，於是讓人感覺到不流暢性，而這種不流暢性往往會被張冠李戴變成對節目本身的感覺，讓你覺得「這個節目好像也沒有那麼好」。這個遊戲的重要提醒就是，當事情變得難以思考的時候，人們往往會把這種不舒服的感覺轉移到所思考的標的物上。所以如果你正在談戀愛，千萬不要跟你的心上人玩「說說看你喜歡我哪幾點」這種遊戲。

愈流暢愈值錢

看了這麼多例子，我們從品牌的範疇來看待流暢性這個心理捷徑，就能回到一個簡單而重要的結論：品牌讓消費者感受到的流暢性愈高，就會愈受到偏好，並被認為價值較高。也就是說，品牌訊息愈能輕鬆容易地被顧客大腦裡的系統一所識別與處理，就會被系統一認為是個更優的選擇。

那麼對於生意與行銷而言，一個具備流暢性的品牌能帶來的實質好處是什麼？系統一公司在研究中得到重要結論：品牌的認知流暢性愈強，溢價能力就愈大；也就是說，品牌愈有流暢性，就能賣得愈貴，享有愈大的利潤空間。

在一項實驗中，科學家找人設計了四個礦泉水瓶，其中兩個瓶子上使用的字體規矩易讀，且與瓶身形狀恰當匹配，另兩個瓶子用的字體則既難讀又不夠吻合瓶身。科學家讓受測者觀看不同設計後，要他們為這些產品估個價，結果前者的估價比後者高出三〇%以上。

有機會不妨去超市某個你不太熟悉的品類貨架前，觀察一整面貨架上的各種包裝，就可以感受到這種資訊易讀性不同造成價值感不同的直覺反射。

顯著性帶來流暢性

既然品牌的流暢性如此強大，要怎麼做才能為品牌注入更多的流暢性？答案很簡單，就是「顯著性」（distinctiveness 或 salience）。

所謂顯著性，來自一切有助於消費者更容易辨識品牌的品牌專屬元素，也就是讓消費者一碰到就能瞬間辨認出某個品牌，並且再次強化記憶的任何品牌資產元素（brand equity）。顯著性元素的類型很多，從日常最熟悉的品牌名、商標、顏色、吉祥物，到品牌旋律、品牌香味、品牌味覺等針對其他感官的品牌記憶符號等，也就是廣義上可以成為品牌專屬識別元素的任何載體。

愈強大的品牌，一定具備愈豐富多樣的品牌識別元素，因此品牌顯著性愈強。反過來說也成立，一個品牌建立起愈豐富的可識別元素，品牌顯著性就愈強，愈有機會變成一個強大品牌。

任何品牌都可以從相關識別元素的「質」與「量」兩個角度來衡量其顯著性。「質」指的是所有識別元素的鮮明度與可聯想性，也就是其識別強度；「量」則是這些識別元素的數量有多豐富多樣。就拿長年高居全球品牌價值前十名的麥當勞來說，在品牌識別元素的強度上，行業中無人能敵，其大大的雙拱門商標、鮮明的黃色與紅色、從二〇〇三年用到現在的「I'm lovin' it」標語、標語的音樂旋律（我打賭你一定哼得出來）、店門口的麥當勞叔叔、經典的大麥克、沒人不認識的薯條盒、「麥ＸＸ」的系列產品名、每一家店都一樣的氣味、得來速車道、外送的服裝和外送箱……，每一項的可識別度都是全球級的，走到任何一個國家，都能瞬間認出它來。像這樣質量皆高的品牌識別度得來不易，只能來自於經年累月的長期堅持與嚴守紀律，靠的是規範、耐性與毅力。

顯著性不是差異性

關於顯著性的觀念，有個重點需要釐清：顯著性指的不是差異性（differentiation），不是品牌或產品的差異化功能點與優勢，也不是傳統的行銷理論談的「獨特銷售點」（unique selling point, USP）。回到系統一的運作方式，人們的購物決策憑藉的是非理性的直覺，而不是理性的思考與衡量；系統一隨時在掃描周遭中尋找的對象，是能夠擊中它心中隱性目標的解決方案，以及能瞬間提供舒服的流暢性的品牌，而不是理智上的「最佳選擇」。當我們訴諸於差異性，就是在把消費者的心思拖向他們用起來吃力的系統二；雖然未必無效，但那是一條對品牌及消費者都相對崎嶇的道路。當有所選擇時，消費者寧可如溜滑梯般順著柔軟順滑的流暢性一溜而下，舒舒服服地直達決策終點，而不是和你一起去爬系統二的山路。

在行銷世界裡，「差異化」一直被奉為圭臬，但其重要性其實並沒有我們所以為的那麼大。夏普教授的建議是：「與其拚命尋找所謂有意義的、能被感知的差異化，行銷人更應該奮力追求無意義的顯著性。最終將長久延續的是品牌，而不是差異化。」

於是，在落實品牌策略的三個關鍵要素上，到這裡加上了Fluency（流暢性），三個F就到齊了。在中文，為了便於記憶，我從實現流暢性所需的品牌顯著性角度，把這個要素翻譯為「有形」。但這裡的「形」想代表的是品牌廣義的形，不只是外形或形象而已。另外，請不要與「有型」混淆，並不是指品牌要很有型、很有風格的意思。在「三有」當中，「有名」、「有情」比較容易理解，「有形」是過去相對較被忽視的領域，所以更是一項重要的祕密武器，我特別多用一些篇幅來介紹。

十種流暢性元素

「有形」的順暢性來自於品牌的顯著性，而顯著性來自於品牌專屬的可辨識元素。這些可辨識元素的類型非常多，可以歸納為十個大類：

一、品牌視覺

品牌視覺包括商標、顏色、形狀、圖標（icon）、視覺風格等。

講到品牌的視覺，最首要的當然是商標，而品牌在視覺表現上的整套規範，就是我們現在都熟知的「品牌識別系統」。年輕時我一直以為，雖然品牌的商標與品牌識別系統很重要，不過反正就是設計得美美的就好了。後來觀念慢慢成熟，到今天懂得流暢性的道理之後，才完全體認到，這是品牌規畫工作上的重中之重。

商標（平常大家更習慣叫 logo）應該是最不需要解釋的，從蘋果那顆被咬一口的蘋果、華航的那朵梅花，到三支雨傘標的三支雨傘，商標就是品牌的顏面，當然要好好設計。順便分享一個有趣的歷史故事：你知道味全商標的那五顆紅球是怎麼來的？那是一九六八年聘請日本設計大師大智浩所設計的，既是味全英文名第一個字母W的樣貌，也取其「五味俱全」之意。據說當年的設計費是五萬元，被人揶揄畫了五顆球，一顆一萬元。其實這看似簡單的五顆球，背後才是真功夫。

顏色也是品牌識別系統裡的關鍵一環。成功的品牌必有自己專屬的標準色，讓顧客光看顏色就能立刻分辨並聯想起品牌，像可口可樂的紅、宜家家居的藍。還有一個最神奇的品牌色，就是蒂芙尼（Tiffany & Co.）的「蒂芙尼藍」（Tiffany blue），研究發現，女性光是瞄到蒂芙尼藍的包裝盒，心跳速度就會增加二二%。

關於形狀、符號、視覺風格，我舉一個綜合性的例子。你知道我們平常用的耳機，是什麼時候開始流行白色的？二〇〇一年，賈伯斯推出 iPod 時，不只是將音樂播放器的操作變得清晰簡單，並讓訴求點也清晰簡單（「你口袋裡的一千首歌」），同樣關鍵的是他們開創的白色外殼，以及標配的白色耳機。如果你還記得，在那之前的耳機全是沉悶無聊的黑色。由於每個人的 MP3 或 iPod 都放在口袋裡，沒人看得見，當時這獨一無二的白色耳機，便成為走在科技與時尚尖端的人掛在身上最顯眼的符號。這個符號同時也大量用在 iPod 的上市廣告裡：高彩度的背景上，各種舞者與音樂愛好者的黑色剪影隨音樂激烈舞動；在黑色剪影上隨之晃蕩的，就是最鮮明醒目的白色耳機線（參 QR Code 7）。

QR Code 7

所以白色耳機不只成為iPod最強烈易識別的形狀、符號，更擴大形成一種專屬的視覺風格（當然，也是產品設計）。耳機創造了無與倫比的顯著度，於是為iPod帶來強烈的流暢性，推動了全球大流行。當時他們做對的最簡單也最聰明的一件事，就是把耳機變成白色。

二、品牌文字

品牌文字包括品牌名、品牌標語和產品系列名。

我們日常接觸最多的就是品牌名，畢竟這是我們不斷重複稱呼與記憶品牌的方式。在命名上，除了簡單、好記、易讀（前面提過名字難唸造成上市股價低的故事）之外，台灣還流行用「諧音梗」取名字，像是建案可以叫「大家住易」、賣粿的可以叫「你最蒸粿」，連做推拿的都可以想到叫做「可愛喬骨島」，更不用說還有氣死明星的台灣「蟑愛呷」、大陸「瀉停封」……，各種爆笑案例只要上網一找就一大堆，這種台式幽默也算是台灣的一種文化特色吧。不過你也會發現，這裡面找不到什麼規模稱得上大、上得了檯面的品牌。如果你希望自己的品牌有一天能做大做強，最好還是避開諧音梗這種天生格局就不大的趣味。

而標語雖然不是落實品牌策略的全部，仍是品牌主張精氣神的關鍵濃縮，一句夠好的品牌標語，更是強化品牌顯著性的利器。耐吉的「Just Do It」在全球的知名度與影響力早已與耐吉品牌齊名，蘋果的「不同凡想」更是賈伯斯傳奇一個標誌性的閃光點。

標語比品牌名更難想，而且沒有一定的標準或格式。不過在文字運用上，有一條規律很值得參考。在說服力研究中有個很有趣的法則叫做「成韻即成理」（rhyme-as-reason）效應，意思是當語句具備韻律性與節奏感時，人們比較容易覺得言之成理；聽起來舒服漂亮的話，比較容易讓人信以為真。你一定聽過「一天一蘋果，醫生遠離我」這句話，就是一個標準例子，其實這在醫學上毫無根據，聽起來卻像真的一樣，以致長久以來以訛傳訛。

要做到言語的韻律性，最容易的方法就是對仗與押韻，其實就是寫對聯的邏輯。像前面提過 Keep 的「自律給我自由」就是這種類型，三天兩頭就有人用的英國文豪查爾斯・狄更斯（Charles Dickens）名句：「這是個最好的時代，這是個最壞的時代」，也是個經典範例。

還有一個你一定知道但未必會馬上想到的文字化品牌元素，就是產品的系列名或命名邏輯。像蘋果的 iPhone、iWatch、iPod 等產品名中很蘋果的那個「i」，以及BMW的三／五／七系、宜家家居那些有時候不知道該怎麼讀的瑞典文產品名等，這些產品的命名方式都已成為品牌識別性的一部分。產品系列名不但能讓所有產品自帶家族感，更能讓顯著度在產品與品牌間互相帶動，豐富消費者的順暢感。

三、品牌角色

品牌角色包括吉祥物、廣告角色、代言人等。

這一類通常是品牌透過行銷傳播刻意建立的額外品牌符號，有些與品牌的識別系統連成一氣（像桂格的老人頭、伯朗咖啡的伯朗先生），有些則是在識別系統之外創造出來的吉祥物（像米其林輪胎人、麥當勞叔叔），還有一種是在廣告中創造並長期經營的角色（像超級經典的萬寶路〔Marlboro〕牛仔、全聯福利中心的全聯先生等）。隨著品牌的成長與演進，這三種類型的品牌角色往往會在功能上互相流動，像是米其林人後來也變成品牌識別的一部分。

再如肯德基上校，本來只是（永遠站在店門口微笑的）吉祥物，後來也走進商標，成為品牌識別；近幾年，從美國開始又重新啟用塵封已久的上校形象，賦予新的靈魂與生命，在廣告裡成了西方版帥氣肌肉男或東方版甜美小鮮肉，於是又變成了廣告角色（美國版廣告請參 QR Code 8，中國版廣告請參 QR Code 9）。

另外還有一種就是品牌代言人，絕大部分是名人與明星，但並不是只要用了名人或明星，他們就能算是足以代表品牌的品牌角色，只有品牌真正長年固定使用並且持續投資、其形象已與品牌緊緊綁在一起的代言人，才能被歸類為品牌識別元素的一環。像是「斯斯」的豬哥亮、「維士比」的伍佰、「雀巢」（Nespresso）的喬治．克隆尼（George Clooney）等，只有當人們一看見這位明星的臉，就會聯想起某個品牌，達到這種緊密連結時，才能把代言人歸類為品牌角色。

不管是哪一種類型的品牌角色，目的都是為了進一步強化品牌的可識別性與顯著性，讓品牌在競爭激烈的市場中更鮮明突出，更容易在流暢性上占便宜。所以品牌角色

QR Code 8

QR Code 9

的規畫與選擇，應該是非常策略性的要務。可惜的是，企業往往都是在憑感覺判斷。我碰過太多客戶，對於吉祥物的態度只是為了有而有，結果選擇標準只剩下好不好看、可不可愛而已。

說到這點，有一個把吉祥物變成品牌戰略甚至生意戰略核心的例子，那就是美國的線上車險保險公司「政府雇員保險公司」（Government Employees Insurance Company, GEICO，簡稱「蓋可」）。車險是一般人永遠搞不太清楚的商品，所以品牌間的認知差異非常小，偏偏每年都要買一次，於是很多人不是延續前一年的保單，就是挑選比較有印象的品牌購買。蓋可的商業模式是線上直銷，又是後發品牌，為了搶攻年輕人市場，並成為市場上最引人注目的車險公司，他們大膽地用廣告創造了一個奇怪的主角——一隻壁虎（因為壁虎的英文是 gecko），很容易讓人自動想起蓋可。這隻壁虎在廣告裡既嘴賤又搞笑，從來不像一般車險公司只會嘮叨一堆聽不懂的車險術語，但就是能在訴求中準確命中消費者的痛處（參 QR Code 10）。

在大量廣告轟炸之後，成功地讓人們一想到車險就不得不想起這隻壁虎，於是創造了品牌的強烈流暢性，讓蓋可異軍突起，快速竄升為全美第二大保險公司，並正逐步將業務拓展至其他家庭保險的領域。

在今天這個娛樂化的時代裡，品牌角色在戰略上足以擔當導彈級的重責大任，千萬別再把它當成一個可有可無的娛樂咖。

QR Code 10

四、廣告核心概念

這個類型的品牌可辨識元素完全是用廣告創造出來的，但因為只是個核心概念（core idea），所以並沒有具象的視覺或人物，比較像是一個固定的創意概念（creative idea）或廣告橋段，但是因為經年累月地長期經營，也會讓消費者一看就知道是哪一個品牌，於是成為品牌專屬的記憶元素。

在行業的術語裡，也會把這種類型的概念稱為「平台概念」（platform idea），因為它就像是一個品牌長期維繫的平台，可以累積、又可以增添新內容。像大家都很熟悉的士力架（Snickers）巧克力經營多年的成功概念是「去你的餓！做你自己」（You're not you when you're hungry），就是一個標準例子，當中的角色可以從林黛玉換到阿嬤，場景可以從足球場變成辦公室；故事可變，但關鍵轉折始終不變。所以每當士力架又推出新廣告，你看不到一半就會會心一笑，因為順暢感油然而生。

其實「去你的餓！做你自己」是士力架品牌全球統一的核心概念，不但漂亮地切割出明確的產品定位，也在擁擠的巧克力市場中成功樹立起一枝獨秀的形象。這樣一個清晰度與延展性兼具的好平台，讓士力架在不同市場創造了非常多讓人捧腹的廣告作品。

其他的精彩例子還包括前面提過的萬事達卡「無價時刻」，以及全聯這幾年主打的「全聯經濟美學」，都是一些歷時多年並帶來持續成功的平台型廣告核心概念。

在實務操作上，如果品牌要建立一個長期的廣告核心概念，一定會在文字層面搭配一個固定的表述方式，以定義與具體化概念所傳達的品牌訊息。通常也就會是一句品牌標語，來把每一次的創意表現收在相同的固定訊息上，讓觀眾一次次看到相同但抽象的概念，都有一個具體的記憶落點與說法。

五、品牌物理性

品牌物理性包括產品包裝、形狀、觸感。從這一點開始，逐步走出視覺範疇，進入到其他感官層面的品牌接觸點。

產品包裝的重要性不言可喻。除了品牌名、品牌形象之外，塑造產品價值感的決定性框架，就是產品的包裝與外型。包裝設計的首要考慮就是顯著性。除了整體的標識、色彩、風格必須與品牌識別系統嚴格一致之外，還要考慮消費者在辨識上的流暢度，一個重要原因就是人類眼球識別能力的模糊性。前面提到，我們的視線存在空白點，事實上，我們在視覺上接收到的訊號只有中間一塊是清晰的，愈周邊愈接近視野邊緣就愈模糊，只是經過大腦自動修補，我們感覺不到。於是當消費者在貨架前搜尋或在電商網頁瀏覽產品時，看見的畫面其實有一大部分是模糊的，在這模糊之中，你必須確保產品包裝依然能脫穎而出、容易被分辨、能輕鬆被找到。這就是為什麼零售通路推出的自有品牌產品，往往會把包裝設計得與每一個品類的領導品牌很像，結果消費者很容易就拿錯買錯。

要判斷你的包裝是否在貨架上夠顯眼，有個簡單的方式：拍一張有你的產品在其中的真實貨架照片，接著把整張照片變模糊，然後觀察你的產品是否容易被辨識？與其他品牌容易混淆嗎?用這個方法就能模擬出消費者眼球邊緣看見的實際畫面,用來調整你的產品包裝辨識度。

包裝除了外表圖案上的設計,還有一個更根本的要件,就是形狀。一個獨特鮮明的產品身形留給消費者的辨識度,遠比上面印的圖案或色彩來得強烈。像是非常流行的「絕對伏特加」(Absolut Vodka),就是幾乎完全靠瓶身與包裝設計在全球異軍突起的高明案例。絕對伏特加極具現代感的洗鍊瓶形,不但與過去傳統的伏特加形象完全切割,更成為幾十年來用來做廣告的唯一主角,他們用瓶身的形狀線條,搭配不同場景講不同的故事,成為廣告史上的經典,造就一個來自瑞典的伏特加全球領導品牌(傳統上,人們心中的好伏特加只來自俄羅斯)。

講到瓶身,另一個經典就是可口可樂獨一無二的玻璃瓶形了。可口可樂玻璃瓶設計於一九一六年,當時品牌方給玻璃公司的要求是設計一個獨特的瓶形,即使打破成碎片或在黑暗中用摸的,也要人們能認得出來它是誰。結果這個變態要求,成就了一個延續百年的傳奇品牌。有趣的是,玻璃瓶不只是個識別,還影響了人們的主觀口感。調查發現,全球有五九%的消費者相信,裝在玻璃瓶裡的可口可樂比較好喝(我也這麼覺得)。所以,千萬別小看形狀這個元素的力量。

與形狀有關的例子,還有香水。你知道嗎,香水的購買決策因素中,有四〇%來自於瓶身設計!此外,另一個依靠形狀來創造變化的品類就是巧克力。想一想我們日常接觸的知名巧克力品牌,有M&M's的小圓顆粒、奇巧(Kit Kat)可以掰開的雙排造型、好時之吻（Hershey's Kisses）的水滴形狀、金莎（Ferrero Rocher）的金色球形、瑞士三角巧克力（Toblerone）奇特的三角山脈形……，口味當然各有不同，但讓你一眼就能識別它們的關鍵，就是這些變化萬千的產品造型。

而形狀再加上材質，還會進一步決定產品的觸感，包括重量、手感、抓取方式或使用方式等，這些觸感也會變成品牌留給消費者的軀體標記，所以觸感也是一個很重要的品牌物理性識別元素。像是Thinkpad電腦獨有的小紅點（TrackPoint）控制鈕，不但是當年ＩＢＭ的獨家專利設計，成為Thinkpad電腦的標誌性外觀，更是許多電腦玩家無法割捨的獨特使用方式與觸感。如果你的品牌也有一個會放在顧客手上的實體商品，請務必想一想，產品所創造的形狀、觸感、軀體標記有沒有機會留下不一樣的印象與直覺。

六、品牌聲音

品牌聲音包括品牌旋律、品牌的聲音記號。

品牌旋律就是我們一般講的jingle，最常出現的地方是電視廣告的結尾。史上最有名也最成功的，應該就是英特爾（Intel）在所有電腦廣告裡贊助的那一個獨特三秒英特爾旋律，以及搭配出現的「Intel Inside」動態商標，而Intel Inside標誌也是多數新電腦會大大貼在機身上的貼紙，告訴你「英特爾裝在裡面」。這個策略的厲害之處，是把一個原本消費者永遠看不見、摸不著的處理器品牌（除非拆開電腦），變成人們購買電腦時（幾乎）唯一知道的知名品牌，於是成為指定品牌，讓英特爾長年穩坐全球第一寶座，直到今天仍保有八成以上的處理器市占率。透過對所有使用英特爾處理器的電腦品牌提供三秒廣告贊助，全世界所有的電腦廣告全成了英特爾的廣告，反覆用它的五音符旋律對你洗腦，讓你一輩子也忘不掉。

品牌透過聲音創造品牌顯著性的方式，遠遠不只有廣告裡的品牌旋律。其實在消費者體驗品牌、使用產品的過程中，有許多可以創造品牌專屬聲音記號的機會，就在任何品牌可能發出聲音的地方。

想像一下，你在烈日下的沙灘上已經烤了一個小時，又熱又渴，這時候有人遞過來一瓶冰得沁涼的可口可樂，以及一只裝滿冰塊的玻璃杯。你迫不及待打開瓶蓋，聽見那美妙的「嘶」一聲，感覺自己要融化了。再把可樂「咕嚕咕嚕」地倒進杯裡，除了冰塊碰撞與迸裂的聲音，你還聽見細細的氣泡們拚命往上冒，發出「沙」的聲響……。這些都是可口可樂留給我們的強烈聲音記號，很容易勾起人們想要暢飲的欲望。根據調查，七八%的人一聽見汽水瓶／罐打開時發出的「嘶」聲，會直接聯想的品牌就是可口可樂。

品牌聲音記號還可以來自消費者接觸點中的各種細節，像是：

- 家樂氏（Kellogg's）玉米片花了多年時間，聘請一家丹麥的實驗室，創造了家樂氏產品在顧客嘴裡獨一無二的專屬脆裂聲。
- 各大車廠都投入大量的人力、物力，改進自家汽車的關車門聲。關車門時那一聲悶悶的「碰」，會直接影響人們對於汽車的高級感認知。主要汽車品牌都已經絞盡腦汁，開發出各自專屬的固定聲音。

• 你如果常去全家便利商店，每當聽到電動門開啟時自動響起的十二音符旋律（如果我沒算錯），一定會浮現一陣熟悉感。沒錯，零售空間就是能創造這種聲音符號，讓你真的感覺「全家就是你家」。（當然，還有 7-Eleven 的「叮咚」聲，從前我的房間窗外就對著樓下一家 7-Eleven，這個「叮咚」聲總是伴著我入眠。）

要在消費者心中註冊品牌聲音符號的原理，就跟所有品牌識別元素建立的過程一樣，需要的是長期的耐心與堅持，如果變來變去，每一次都得歸零重來。

微軟（Microsoft）的 Windows 系統就是一個反面教材。我想大家都記得，Windows 系統有一個開機音效，而且因為每個人幾乎天天都要打開電腦，所以每天都會被洗腦一次。以微軟系統驚人的普及率，本應該能把專屬聲音符號變成全民耳蟲（earworm，意指腦海裡迴盪不去的旋律），可惜的是，微軟從一九九五年起已經改過四次聲音，讓印象累積不斷重來。如果微軟當時好好培養並保護品牌的聲音資產，就應該能逐步延伸到後來的瀏覽器、手機、電玩等其他界面，形成一貫的品牌體驗。真是可惜了。

七、品牌嗅覺

你有沒有過這樣的經驗：無意間突然聞到一股氣味，勾起你某個遙遠的回憶，相關的感覺與氛圍一下子湧了上來……

嗅覺的力量遠遠大過於你的想像。在我們的所有感官當中，嗅覺是最原始也最根本的一種。喬治亞州立大學（Georgia State University）教授帕姆．斯科爾德．艾倫（Pam Scholder Ellen）談到嗅覺的威力時曾說：「我們所有其他的感官都讓你先思考再反應；唯獨嗅覺，會讓大腦先反應才思考。」

對品牌來說，在消費者的大腦中建立嗅覺記憶符號，能讓人們每一次再接觸品牌氣味時，便不自覺地感到一陣熟悉與暢快，讓大腦體驗強烈的流暢性。這樣一個直通消費者大腦的強烈力量，過去一直為品牌所忽視；不過在愈來愈多科學證據出現之後，許多大品牌其實已經悄悄地攻占了你的嗅覺記憶。

新加坡航空公司經常被評為全球最佳航空公司，他們對於機艙內一切細節的精心設計以及嚴格規範，堪稱世界典範。如果你曾經搭乘新航的飛機，一定聞過他們特別定制的品牌香氛——史蒂芬佛羅里達香水（Stefan Floridian Waters），是一種融合了玫瑰、薰衣草與柑橘味的芬芳氣味，從新航的貴賓室到機艙，從空服人員噴的香水到發到你手上的毛巾，全是這個味道。雖然大部分乘客並不會意識到香味的存在，但它會自然變成一個潛意識記憶，在下一次乘機時讓你感到流暢與熟悉。

其實在旅遊業中，氣味早已成為品牌識別系統的一環，包括所有的知名五星級酒店。比方說香格里拉酒店，不管在全球的哪一個角落，從大堂裡的空氣到房間裡的肥皂與沐浴露等，全是同一種香味，讓老顧客一入住就真的在潛意識上感到「賓至如歸」。

如果你賣的是食品，氣味的重要性更不言可喻。氣味不但會立即勾起欲望與衝動，人類的味覺如果沒有結合嗅覺，享受與滿足就會大打折扣。像是花生醬和雀巢即溶咖啡等產品的瓶子，都是經過特別設計，在第一次打開的時候，產品的氣味會大量釋放出來，在嗅覺上先征服你。還有一個也是關於雀巢的故事，在全球大獲成功的雀巢膠囊咖啡（Nespresso），設計咖啡機時精心安排了一個祕密——他們刻意把機器調校成製作咖啡時能盡量釋放咖啡氣味，讓消費者未嘗咖啡前即能先聞其香，因為他們研究發現，氣味會直接影響顧客對咖啡美味度的評價。

其實到今天，氣味還是多數品類幾乎未曾觸及的空白領域。如果你的產品或服務有讓顧客嗅聞的機會，不要猶豫，趕快去攻占這塊處女地！

八、品牌味覺

談完嗅覺當然要談味覺。味覺不是每個品牌都有機會涉足的，前提是你要能被消費者放進嘴巴裡。

就像嗅覺一樣，口味也與我們的記憶深深扣在一起，所以才會有「小時候的味道」、「媽媽的味道」等表述方式。味覺印象的根深柢固，其實早打從我們在娘胎時就開始形成。菲律賓有個非常有名的咖啡與咖啡糖品牌，叫做「可比可」（Kopiko），品牌大師林斯壯發現，當地的可比可經銷商會把咖啡糖免費提供給小兒科與婦產科醫生，讓他們在看診時給準媽媽們自由取用。他也注意到，可比可咖啡在當地大受歡迎，尤其受到孩子們的喜愛。有許多懷孕期間就常吃咖啡糖的媽媽告訴林斯壯，她們發現當孩子哭鬧不休時，只要餵他吃一口咖啡糖，孩子就會安靜下來。所以，味覺甚至能經由母體，讓還沒出生的寶寶就開始對特定味道產生熟悉感，更何況是味覺系統已經發展成熟的我們。

因此，如果品牌本身已經擁有口味上的資產與記憶符號，就有機會把這種品牌流暢性注入到其他的延伸產品中，像是從高露潔牙膏到高露潔漱口水，從川貝琵琶膏到川貝琵琶潤喉糖、從奧利奧（Oreo）餅乾到奧利奧冰淇淋。

九、品牌儀式

品牌儀式包括品牌特定用法、品牌行為。

品牌儀式指的是人們對於某個品牌的產品，在使用方式上有特定的動作或儀式，成為一種普遍的習慣與流行，而讓這個儀式變成品牌獨特資產的一部分。

最有名的品牌儀式，應該就是奧利奧餅乾的吃法了。「扭一扭，舔一舔，泡一泡」（Twist, Lick, Dunk）的標準動作，讓奧利奧不再只是一種夾心餅乾，而是孩子覺得好吃又好玩的遊戲，而餅乾與牛奶的搭配，更讓整個食用體驗既豐富又變化多端。這就是品牌儀式的標準例子，透過專屬的使用儀式，讓品牌變得更厚實也更獨特，而在競爭環境中脫穎而出。

還有一個許多人都接觸過的例子，就是來自墨西哥的可樂娜啤酒。如果你在酒吧點了一瓶可樂娜，端上來時一定會在瓶口插一片綠色檸檬角。在喝之前，你會把檸檬角稍微擠壓，按進瓶中。隨著檸檬角跌進啤酒，一陣細膩的小氣泡在金黃色酒液中冒起，並讓檸檬汁融入其中。這時你舉起酒瓶嘗了一口，啊，這就是可樂娜的味道。

不要小看這樣的儀式，它讓可樂娜從一個名不見經傳的小品牌，逐步壯大成為讓百威（Budweiser）與海尼根（Heineken）倍感威脅的超級品牌；可樂娜品牌力的關鍵來源，就是這個獨特的飲用儀式；這種飲用方式其實來自一九八一年一位不知名的酒保心血來潮的發明，當時他本來只是為了和朋友打賭，看酒吧其他客人會不會跟著仿效。一次無心插柳，改變了一個品牌的命運。

除了消費者使用品牌的品牌儀式之外，如果品牌本身具備特定的行為方式，也會成為品牌識別的一部分。這種行為通常出現在服務業中，尤其在實體環境比較容易成形。最具代表性的就是很受歡迎的海底撈火鍋。平心而論，海底撈的火鍋不一定是最好吃的，但他們熱情貼心又無微不至的服務方式，幾乎等同於品牌的全部，讓海底撈能在已經過度競爭的火鍋餐廳市場中始終一枝獨秀，帶動許多餐廳開始模仿一些做法，也算間接帶動了餐飲業服務觀念的提升吧。

十、品牌傳統

這點和前面的品牌儀式有點相似，不過比較是關於品牌經過日積月累，與某些社會文化傳統或習慣產生了固定的結合，而這種結合，漸漸變成品牌獨特資產的一環。

像星巴克的星冰粽、哈根達斯（Haagen-Dazs）的冰淇淋月餅，這些洋玩意兒都已經躋身我們傳統節日的習慣中，讓你快到節日時就想起它，於是成為品牌記憶的一部分。

與各種傳統節日緊緊相扣的老品牌就更不用說了，例如元宵節想到「桂冠」、中元節拜拜想到「旺旺」和「孔雀餅乾」、中秋節想到基隆的「李鵠」或豐原的「雪花齋」……，品牌傳統就是他們品牌資產的最主要組成部分。

在日本，雀巢奇巧巧克力的用途可不只是全球通用的讓你「輕鬆一下」（Have a break, have a Kit Kat）這麼簡單，因為奇巧的英文品牌名「Kit Kat」的日文發音「kitto katto」，與日語的「kitto katsu」很像，意思是「一定勝利」，這個諧音讓日本年輕人流行在考季送給考生奇巧巧克力當做幸運小禮物，代表考試勝利成功的美好祝福。到今天，「奇巧＝應考幸運符」已經變成日本社會的一項傳統，讓品牌具備了其他巧克力所無可匹敵的象徵意義。

其實不同文化中都多少存在這類品牌案例，像廣告人每年年底必看的英國約翰路易士百貨（John Lewis and Partners）聖誕廣告，就幾乎已經成為英國人過聖誕節的傳統之一。每年的廣告片一推出，就像是跟所有人宣告聖誕季節的到來，當然同時也為百貨公司的聖誕銷售季按下了開始鍵。

要做得多，還要做得好

在上面十個類型的品牌流暢性元素中，你的品牌做到了幾個？檢視後你會發現，原來品牌可以創造顯著性的機會與可能性非常多，但絕大多數品牌涉足的領域很有限，往往集中於商標、標語、吉祥物等傳統類型。

針對品牌感官接觸點的多樣性，行銷界進行了許多研究與統計，發現一個簡單的結論：品牌在消費者大腦中創造的感官記憶點愈多、愈豐富，品牌與消費者間的綁定關係（bonding）就愈緊密，而且品牌的溢價空間就會愈大，這恰恰回應也證實了前面提到系統一公司的相同研究發現。

不論哪一種類型的品牌流暢性元素，都牽涉到最關鍵的工作——設計。不只是視覺、文字、包裝設計，更包括氣味、聲音、空間甚至儀式的設計。關於這所有的設計，在業界多年見識過無數案例與教訓之後，我得提出一個必要的提醒：設計的判斷永遠不該是個民主過程。奧美的祖師爺大衛・奧格威（David Ogilvy）老早以前就教導我們，市面上一大堆爛廣告，都是委員會（committee）決策的產物。精彩品牌流暢性元素的創造，不能由管理層投票決定，更不能交由消費者調查決定，原因很簡單，專業的事就應該交給專業的人判斷。

可口可樂前全球行銷副總裁拉米拉斯說過：「不要只因為某個人擁有品牌經理或行銷經理的頭銜，就想當然爾地認為他一定有判斷設計的能力。」「你一定要在組織裡找到能夠辨識出優秀設計的人。」「你不應該問消費者是否喜歡，而應該由你聘請的設計專業人士來告訴你人們喜歡哪種設計。」「優秀的設計也許並不便宜，但是請相信我，拙劣的設計要比優秀的設計昂貴得多。」尤其最後一句話，才真是老江湖的真知灼見！

小提示．大重點

- 我們每一個人都是天生的「模式辨認機器」。
- 遇見容易辨識與理解的資訊時，會讓系統一處理起來又快又輕鬆，感覺順暢、舒服、省力，這叫做「流暢性捷徑」。
- 名字好唸的公司，上市股價表現較佳，例如讓外國人琅琅上口的「阿里巴巴」。
- 品牌的認知流暢性愈強，溢價能力就愈大，正如礦泉水包裝實驗所證明。
- 品牌的顯著性帶來流暢性。顯著性來自於廣義上可以成為品牌專屬識別元素的任何載體，全世界的麥當勞便是經典案例。
- 顯著性不是差異性，不是獨特銷售點。夏普說：「與其拚命尋找所謂有意義、能被感知的差異化，行銷人更應該奮力追求無意義的顯著性。」
- 流暢性元素有十大類型：

一、品牌視覺：例如蘋果的蘋果、華航的梅花、可口可樂紅、蒂芙尼藍、iPod的白耳機。

二、品牌文字：例如 Just Do It、不同凡想、iPhone、iWatch、iPod。

三、品牌角色：例如桂格老人頭、伯朗先生、麥當勞叔叔、全聯先生、豬哥亮、伍佰、蓋可的壁虎。

四、廣告核心概念：例如士力架「去你的餓！做你自己」、萬事達卡「無價時刻」、全聯經濟美學。

五、品牌物理性：例如絕對伏特加、可口可樂、巧克力們、Thinkpad。

六、品牌聲音：例如 Intel Inside、可口可樂的「嘶」和「沙」、汽車關門聲、全家就是你家。

七、品牌嗅覺：例如新加坡航空、香格里拉酒店、花生醬與即溶咖啡、雀巢膠囊咖啡。

八、品牌味覺：例如可比可咖啡糖、高露潔、川貝琵琶膏、奧利奧。

九、品牌儀式：例如奧利奧的「扭一扭，舔一舔，泡一泡」、可樂娜啤酒的檸檬角、海底撈的服務。

十、品牌傳統：例如桂冠、旺旺和孔雀餅乾、基隆李鵠和豐原雪花齋、奇巧巧克力、約翰路易士百貨。

- 可口可樂前行銷副總裁說：「優秀的設計也許並不便宜，但是拙劣的設計要比優秀的設計昂貴得多。」

停一停·想一想

- 挑一個你喜歡又熟悉的成功品牌，把它所有容易辨識的流暢性元素列在一張紙上。記得不只考慮視覺層面，還包括聲音、嗅覺甚至儀式等抽象元素。然後把這些元素加以歸類，看看這個品牌的「有形」元素有多豐富與立體。
- 思考一下你在經營或負責的品牌，在十種類型的流暢性元素中，有哪些已存在或有機會建立的可能品牌元素，然後在裡面挑出三個已經最有基礎且最容易運用在各種場合與媒體上的，想一想你能如何將它們落實在哪些可能的接觸點中，把結果整理在一張紙上，排出時間表，開始執行。

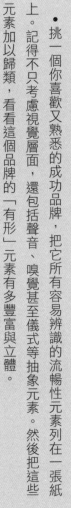

第九章

品牌恆星總整理

在六至八章中，詳細討論了「三有」（有名、有情、有形）的原理、實踐方法以及在行銷上的意義，整合在一起如下頁圖9-1。

最理想的狀況，就是讓品牌在三方面都得到均衡的發展。如果你實在沒辦法做到三項，那麼第一個該實現的一定是最下面、最根本的「有名」。如果你的品牌已經有些基礎，也可以根據三個指標的不同行銷功能，選擇著重於其中之一來幫你達成特定的行銷任務，比方說擴大市占率。再或者，與競爭對手對比優劣勢之後，可以鎖定專攻三個領域中的一個，補強你手上品牌的弱點或放大品牌的優勢。

圖 9-1「三有」的整合

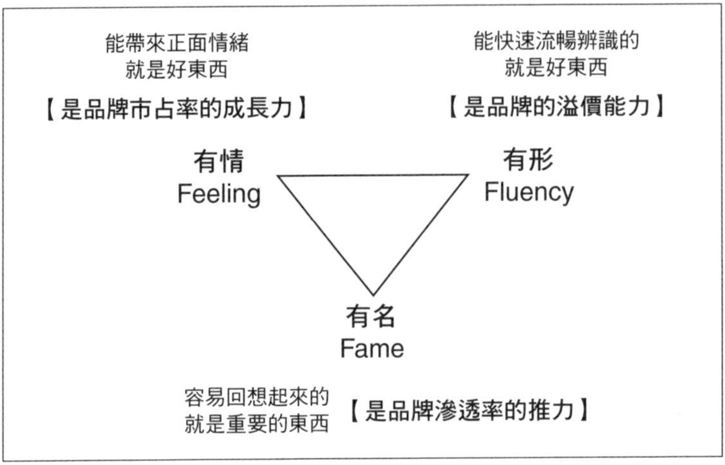
能帶來正面情緒
就是好東西
【是品牌市占率的成長力】
能快速流暢辨識的
就是好東西
【是品牌的溢價能力】
有情
Feeling
有形
Fluency
有名
Fame
容易回想起來的
就是重要的東西
【是品牌滲透率的推力】

贏在「三有」

關於透過三個指標的衡量來判斷品牌總體戰力的強弱，系統一公司曾經進行過一個很有意思的案例分析，就是二○一六年美國總統大選前，對唐諾・川普（Donald Trump）與希拉蕊・柯林頓（Hillary Clinton）兩個「品牌」的品牌力評估。

如果你還記得，當時川普作為一個爭議性人物，其實被很多人所討厭，媒體除了揶揄，也不太看好他的勝選機率。當時系統一公司就用了「三有」的指標，衡量兩人在三方面的表現，結果發現，在「有名」上，兩人旗鼓相當，川普本來就是商界和娛樂界名人，而希拉蕊的知名度就更不用說。至於「有情」，兩人表現都不佳，各自都有很多人討厭，希拉蕊的分數還算稍微好一點。關鍵是第三個指標：「有形」，他們發現，川普擁有大量又豐富的「品牌流暢性識別元素」，像是標誌性的飛機頭髮型、競選時喊出帶煽動性又易懂的標語「讓美國再次偉大」（Make America Great Again）、印著標語並一直戴在頭上的大紅色棒球帽、引起巨大爭議卻在每個人心中創造具體可視感的「蓋起那道（美墨邊境的）牆」（Build The Wall）主張（這點尤其高明之處，是把原本模糊抽象的移民政策，簡化成具體的行動與象徵物），還有他在全美國到處飛來飛去的私人飛機等。相對於川普這大量的「品牌識別元素」，希拉蕊幾乎沒建立起令人記憶深刻的符號，於是在「有形」所代表的品牌流暢性上，川普得分遙遙領先。

在當時一片不看好的聲浪中，系統一公司根據研究結果就判斷川普應該會當選，結果預測果然命中。所以，如果你的品牌在三方面的表現都與對手旗鼓相當，那麼你的競爭策略未必需要在「三有」上都超越對方，選擇其中一個指標全力猛攻，就可能讓你站上領先地位。

不過到了二〇二〇年底，川普還是輸給了喬・拜登（Joe Biden），打碎了他的連任之夢。至本書截稿為止，系統一公司還沒有發布針對二〇二〇美國大選的分析報告，不過他們年初（新冠肺炎疫情還沒延燒到美國及全球時）曾經做了一項評估，發現川普在「三有」的三方面都領先於民主黨的所有候選人，所以其實占有極大優勢。不過當時川普已經面對一個巨大危機，就是在「有情」的指標上，有五〇%的受訪者對川普持負面情緒，這個「被討厭」的程度遠高於拜登與其他民主黨候選人，這是致命的一點。可以想像的是，隨著之後疫情的瘋狂爆發，美國累積的民怨與不滿如潮水般湧向川普，他的負面情緒包袱迅速膨脹成為不可承受之重，必然將他拖向無可逆轉的敗選深淵。

全聯的「三有」

如果要找身邊的品牌案例來印證這「三有」，我又要拿全聯這個超級品牌來示範了。前面提過全聯在品牌聯想規畫上的縝密與完整，而能夠將這些聯想落實成為大家統一的全聯印象，就跟它在「三有」上的深耕密切相關：

- **有名：**廣告量當然直接決定了品牌的有名程度，全聯從當年的逆襲到逐步壯大，持續不懈的大量廣告投資是當中關鍵的推手。再加上作為一個實體零售通路，每多開一家店，就是一個新的知名度放大器，更讓他們擁有遍布全台的有力樁腳。
- **有情：**傳統上零售通路品牌最不擅長的這塊領域，卻被全聯玩得異常精彩，而多年陪跑的奧美廣告功不可沒。從一開始讓人會心爆笑的「什麼都沒有的豪華旗艦店」，到後來成功把年輕人拉進店裡的「全聯經濟美學」，再到引起爭議但充滿人文情懷的中元節廣告，這些年年有新意的作品，一次次為全聯裹上傳遞正面情緒的情感外衣，更已經累積成為厚重的品牌資產。
- **有形：**豐富多變的廣告以及當中刻意經營的長期符號，讓全聯身上掛滿了易於辨識的顯著性元素，有全聯先生、全聯福利熊、藍白紅的標準色與商標、全聯購物塑膠袋、全聯經濟美學，以及後來演變的「健美學」、易於辨識的色調與文字風格……，讓你每一次看到新的全聯廣告，就能瞬間感覺到「這個很全聯」。實體世界裡的全聯門市更是充滿豐富接觸點、易於建立五官記憶的品牌環境，這也是實體零售通路所具備的先天優勢與資源。

順著全聯的例子，我們可以討論一下「三有」的落實問題。有人可能會問，要落實這「三有」，品牌是不是必須在年度規畫中特別安排這三塊宣傳任務？答案是不需要。請務必注意，「三有」代表的不是品牌的三個獨立工作項目或三場傳播活動，而應作為三個核心指標，融進品牌日常所做的所有行銷傳播工作中（包括產品宣傳與促銷活動等），更融入到品牌方方面面的所有接觸點上，就像全聯一樣。也就是說，一年下來回顧時，你要檢視品牌一年中所做的所有事情，是否看得見落實這三個指標的清晰痕跡？有沒有一些有助於品牌知名度、以「廣度」優先的投資？有沒有特別能夠強化品牌正面情緒聯想的傳播素材與活動（不只是廣告片，也可能是一則產品互動網頁、一場線下活動，甚至是一次直播）？有沒有許多刻意經營的品牌流暢性元素，存在於品牌視覺、文字、核心概念、聲音甚至儀式上？

「三有」不需要變成額外的三個工作項目（如果你這樣做一定不會成功，因為始終只是個局部），而是要把它們埋進品牌一年中所做的一切裡，變成品牌舉手投足間隨時發射

圖 9-2　品牌恆星

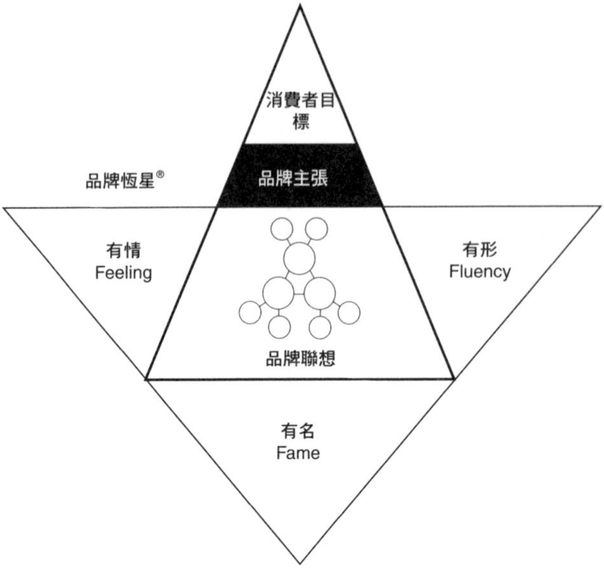

的品牌記號，也變成行銷紀律的一部分。

品牌恆星大整合

整套「品牌恆星」（參圖9-2）的邏輯已經介紹完畢，把所有步驟整合在一起，可以濃縮彙整如下頁表9-1。

圖9-2內圈三角形所代表的品牌策略工作，需要的是人性洞察、行銷邏輯，以及一些創意的火花。想清楚之後，再透過外圈三角形的三個落實工作，把品牌策略真正落實在日常一舉一動的所有方面，這時候的關鍵是嚴格的紀律及長期的堅持。貫徹兩個三角形，假以時日，你的品牌樣貌就會漸漸清晰，而最

圖 9-3　品牌即框架

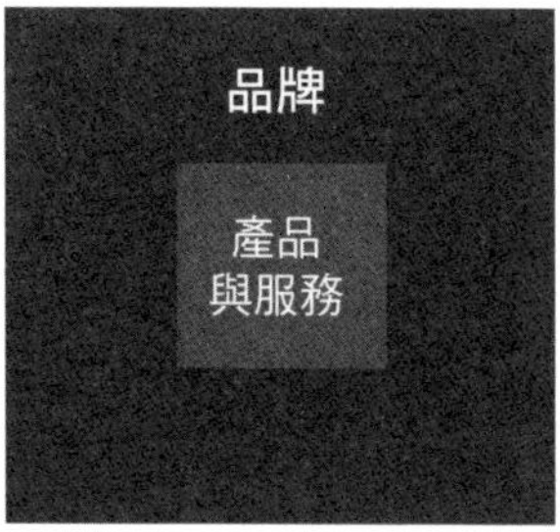

表 9-1　品牌恆星的兩大工作、六大步驟

品牌策略工作	消費者目標	消費者能夠透過「雇用」品牌，而滿足與實現的自我目標，尤其是內心深處的隱性目標；你滿足的目標愈是個普世價值，覆蓋面就愈廣。
	品牌主張	品牌要實現的核心價值與承諾，能夠直指消費者目標，並回應企業的生意思考，樹立品牌在競爭環境中的獨特身分。
	品牌聯想	規範品牌在任何接觸點上一致的抽象感覺，讓品牌在消費者的系統一中累積固定的痕跡，工具包括了「品牌聯想詞」與「品牌情緒板」兩個部分。
品牌落實工作	有名	即品牌知名度，來自於「人類覺得容易回想起的東西較重要」的本能；「有名」能推動品牌的市場滲透率，需要靠重複曝光與擴大鋪貨來建立。
	有情	即品牌的情感力，來自於「帶來正面情緒的東西就是好東西」這條捷徑；「有情」帶動的是市場占有率的成長，除了廣告之外，也能透過互動與體驗建立。
	有形	即品牌的識別流暢性，因為系統一認定容易快速辨識的東西更有價值，所以「有形」決定了品牌的溢價空間；流暢性要靠顯著性來建立，有十大類元素可供選擇。

終目標就是一開始談到的，要把你的品牌變成如上頁圖9-3這個強大的框架。

士力架的品牌恆星

接下來就以在全球非常成功的品牌——士力架巧克力，來示範品牌恆星整套工具的內容結構。

消費者目標

我沒有參與過士力架的實際工作，不過大概可以猜到，行銷團隊透過各種分析，發現士力架在巧克力市場中最大的不同，就是除了美味過癮的享受之外，還能帶來充飢墊肚子的效果。而充飢這件事很容易就可以套進各種不同的生活場合當中，尤其是在年輕人這個重度零食消費者身上，讓產品有了豐富又具體明確的使用時機，而有了時機就會有消費。

那麼再往下挖，總不能只是訴求於「餓的時候來一根」這個淺薄的顯性目標吧？那麼再挖深一點——當年輕人肚子感覺有點餓的時候，對整個身體、精神狀態會有什麼影響？他們的直接感受是什麼？他們的心情呢？除了止飢之外，有什麼目標想要滿足？原本精力旺盛的年輕人只要肚子一空，做什麼事都提不起勁，就像被一道看不見的牆擋住似的，實力無法發揮，腦力大打折扣。這時候最想實現的目標就是：饑餓別擋我的路！

讓我回到精力十足的最佳狀態吧。所以，內心的隱性目標其實是「還原最佳狀態」。

品牌主張

「去你的餓！做你自己」，這個主張落得很清楚也很漂亮，應該不用多做解釋。我覺得精彩之處是「做你自己」這四個字，把品牌承諾很適當地拔高到心理層次，最終滿足的不是饑餓，而是一個巨大的隱性目標。

品牌聯想

如果回到這個策略剛形成的那一刻，而你是接到這個工作指令的創意人員，你會怎麼詮釋這句話？一樣是「去你的餓！做你自己」這八個字，品牌表現出來的調性可以很不一樣：可以如運動品牌般堅毅不拔、戰勝挑戰，搞不好也可以變成一個白領青年奮鬥的故事。如果沒有對品牌聯想進行明確規範，這些可能都對，也可能會變成陸續推出的作品。結果就是我們常看到的，品牌樣貌如同一盤散沙，除了那句話，什麼也沒留下。

士力架是一個在品牌聯想管理上相當成功的例子，如果要大家回想這個品牌，應該都會有一個相當接近而一致的輪廓。無論士力架本身用的是哪種工具來管理這套聯想，我相信對於品牌的個性、調性、感覺等，一定有一套明確的界定與嚴謹的規範。如果用倒推的方式，我對士力架的品牌聯想詞會如下頁圖9-4的組合呈現。

士力架的聯想永遠離不開「餓」與「歡樂開心」，這都是它最核心的聯想；而「濃厚

圖 9-4　士力架的品牌聯想詞

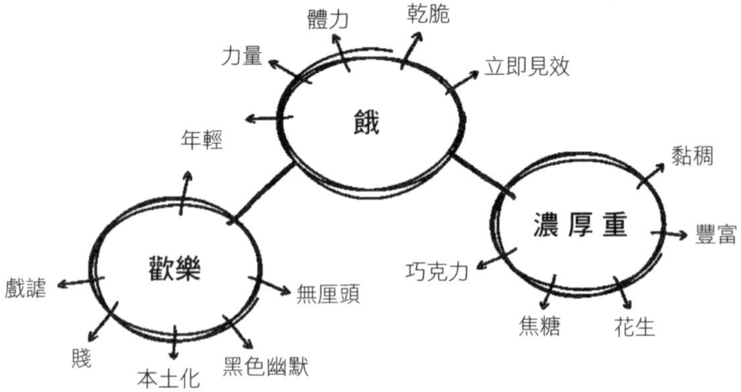

重」可能是大家平時不會留意的，但如果你去看士力架在所有媒體上的廣告，品牌的巧克力標準色、產品出現時濃重的背景色、巧克力棒掰開拉出的黏稠焦糖絲等，都是一定出現的必要元素，持續在你的系統一記憶裡留下一團濃濃重重黏呼呼的印象。

至於士力架的品牌情緒板，我可能會用幾個簡單的元素來組合它：一顆 Mr. Bean 的腦袋，放在一片士力架巧克力色的背景上，旁邊還有一個吃著罐頭菠菜、秀著肌肉的大力水手。我希望投射出一個簡單的概念，即士力架永遠如 Mr. Bean 般開心搞笑，又像菠菜一樣，一吃就讓你變成最佳狀態下的大力水手。要的就是用很視覺又一目了然的方式，把品牌的玩世不恭與一吃見效給呈現出來。

從執行的角度來講，有了這份品牌聯想詞＋情緒板的設定，品牌做的任何動作與宣傳就有了一個清楚的框框，不會跑偏，不會把士力架做成了耐吉。

有名

這部分不用多說，士力架的廣告量與多年累積，早已實現了它的「有名」。而在鋪貨上，士力架也相當努力，超市、便利商店、量販店到處都有。另外，收銀台旁邊的小貨架、甚至夏天的飲料冰櫃裡，也都能找到它的影子。這些鋪天蓋地的物理可得性，更是士力架維繫知名度的重要努力。

有情

士力架的幽默本性，就注定了它容易與正面情緒緊密連結。在廣告題材的挑選上，士力架也很懂得緊扣年輕人的生活趣味，不管是玩音樂或打電動，在題材上總能掌握很準確的共鳴感，讓年輕人更喜歡這個品牌。

有形

士力架有很多具體視覺符號，包括商標、藍／白／咖啡三色配色、產品包裝、巧克力棒外型、巧克力棒掰開的樣子等，當然還有「去你的餓！做你自己」這句品牌標語。另外還有尤其重要的廣告元素，就是它的廣告核心概念：「肚子一空，你就不再是你」（You're not you when you're hungry，這句話是英文的品牌標語，其實正是多年不變的廣告核心概念），以及廣告裡必定出現的關鍵變身橋段：主角咬一口士力架，變成另外一個人。這所有的點，都是士力架專屬的顯著性符號，讓你一看見就會產生強大的心理流暢性，這可是花了多年時間培養出來的珍貴資產。

從品牌恆星內三角與外三角的推演過程中，可以看出士力架是一個簡單清晰又邏輯緊密的品牌。其實只要花些工夫好好想清楚這一切，品牌策略沒有那麼難，真正難的是落實上的長期堅持與嚴守紀律。尤其如果品牌的生意規模愈大、牽涉到的人愈多，這種紀律就更需要系統與制度來貫徹。不過一旦堅持下來，就會累積成為企業能夠獲得長期回報的無形資產，讓雪球愈滾愈大。

好策略的三個核心要素

除了內三角與外三角的分工之外，在品牌恆星不同元素所扮演的角色上，我想另外再補充一個視角。在策略大師理查．魯梅特（Richard Rumelt）的著作《好策略．壞策略》（*Good Strategy Bad Strategy*）中，他提出了好策略必須具備三個核心要素：

一、診斷（diagnosis）：界定或說明挑戰的本質，簡化現狀，找到關鍵問題。
二、指導方針（guiding policy）：處理挑戰的指南，選定一個整體解決方案。
三、協調一致的行動（coherent action）：設計能執行指導方針的步驟，步驟間環環相扣、彼此協調。

魯梅特以醫生的工作來舉例：醫生要先對病人進行臨床分析、判斷疾病，也就是診斷；然後決定醫治療程，便是醫生挑選的指導方針；接著據以制訂飲食計畫、治療方案或藥物搭配等處方，便是協調一致的行動。沒有這三部分，算不上是一個完整、真正能夠操作、能夠產生行動的策略。

如果把品牌恆星放進這三個要素，就能把步驟這樣分類：

一、診斷：消費者目標。
二、指導方針：品牌主張、品牌聯想。
三、協調一致的行動：有名、有情、有形。

因此，從策略的完備性來看，這三大部分缺一不可。如果沒有第一步的診斷（消費者目標），便無法評估其他可替代的指導方針（品牌主張、品牌聯想）；而沒有協調一致的行動（有名、有情、有形），指導方針只是空中樓閣，無用武之地。

透過品牌恆星的整合，我們就能確保品牌整體策略的完整與清晰，並具備確實的可落實性。我始終相信，只有具備可行動性（actionable）的品牌策略模型，才是一個真正好用、有意義的品牌策略模型。

小提示・大重點

- 「有名」是市場滲透率的推力。
- 「有情」是品牌占有率的成長力。
- 「有形」是品牌的溢價能力。
- 川普贏在「有形」，輸在「有情」。全聯強在「三有」。
- 「三有」要作為三個核心指標，融進品牌日常所做的所有行銷傳播工作中。
- 品牌恆星中，內圈三角形是品牌策略工作，外圈三角形是品牌落實工作，案例解析可參考士力架的品牌恆星。
- 從好策略的三個核心要素歸納：

一、診斷：消費者目標。

二、指導方針：品牌主張、品牌聯想。

三、協調一致的行動：有名、有情、有形。

停一停．想一想

這是你的最終功課：把手上品牌的完整品牌恆星描繪出來，就像士力架的例子一樣。在前面每一章的「停一停．想一想」單元中，你應該已經有了各部分的初步答案，現在把它們整合起來，彙總成你的品牌恆星。感覺一下，在邏輯上是否有一以貫之的順暢感？這是不是一套緊密而有明確方向感的品牌策略？如果你和團隊都感覺對、也有信心，那就快去把它變成實際的執行計畫！如果你願意，也可以 e-mail 給我，我很樂意貢獻我的建議與提醒。

第四部

把品牌變武器

無論大企業、代理商或小企業、一人公司，
品牌策略不該只是讓品牌更有活力，
而是解決你的生意問題。

第十章
不同角色的使用指南

到上一章為止，已經把整套工具和背後的科學邏輯介紹完了。工具再好，只有實用才算數。我相信這套思考體系的適用範圍非常廣，不管是企業主、廣告代理商乃至於中小企業及個人，都能找到適合自己的運用方式。針對身處不同角色的各方，下面分別提出使用方式上的一點建議與提示，方便大家更容易上手。

企業怎麼用

我衷心希望這套工具，能幫助企業界的朋友更深入了解品牌發揮效果的原理，並在品牌經營上有個實用的思考框架與好用的操作指引。當你對這些知識融會貫通之後，應該就能將品牌的思考納入日常行銷工作中，並開始逐步落實。面對代理商的時候，也能明確說明你的品牌定義與規範，並用比較清楚的客觀標準來評估他們提出的方案，尤其如果雙方討論的是品牌層面的議題時，你比較不會被誤導。

下面幾點是我對客戶大人們在使用這套工具上的幾點建議與提醒。

一、明確你的生意來源

請記得，品牌策略必須是為了解決生意問題而存在，不應該只是抓著「品牌要年輕化」、「品牌要更有活力」這種理由去發展品牌。要能解決生意問題，你得先搞清楚生意問題到底是什麼。通常問題的關鍵就是成長從何而來，也就是我一直強調的生意來源，前面提過這個順序是 Who → What → How（對誰說↓說什麼↓怎麼說）。只有當你清楚生意來源，才會知道品牌要溝通的對象是誰，才能依序產出後面的所有規畫。

雖然「品牌恆星」的工具為求精簡，沒有把這部分放進去，但這是一切的前提，也是作為生意擁有者的企業方一定要有答案的問題。

二、把品牌策略掌握在自己手中

品牌策略不只涉及行銷，更應該是企業戰略的一環，所以品牌策略一定是企業本身必須把握的東西。當然，這不表示不能尋求外部公司的協助，但對於最終產出結果的堅持與貫徹，企業主責無旁貸。外部夥伴的協助可以策略工作為起點，尋找專業的品牌顧問公司，用比較客觀的角度挖掘消費者的目標，並且發展能夠畫龍點睛的品牌主張。

當然，如果你有實力強大的團隊，也可以自己規畫品牌策略，不過從品牌聯想的部分開始，我建議最好與合作的廣告公司或品牌識別設計公司一起發展，因為這部分往往牽涉到感性觸覺的敏感度（通常是廣告公司及設計公司創意人員的專長），這也與後續落實的可操作性息息相關。方案可以委外形成，但最後的管理工作一定屬於企業，你必須緊緊掌握這套完成的框架，嚴格要求內、外部遵守與落實，讓品牌在你手裡長出來。

三、把品牌策略提升到企業戰略層級

如果你是公司執行長或總經理，那太好了，請把規畫好的品牌策略提升到戰略層級地位；如果你是品牌或行銷部門的協理或總監，請推動你的老闆及整個管理團隊，把品牌變成整體戰略的一環。

從經營角度來看，其實品牌本來就應該在某種程度上能夠「翻譯」企業戰略，把公司的大方向與要實現的目標，變成對內對外都聽得懂、記得住且有感覺的主張。再說，品牌靠的是企業所有接觸點的累積，不可能光靠行銷動作獨力完成。而最終形成的是大家共有的作戰武器，更是可以變成財富的企業珍貴資產。

四、對內對外明確品牌聯想的重要地位

品牌策略一旦確定，當然就需要對內對外進行說明與宣講，於是常見的戰略發布會

與品牌傳播活動便會於焉展開。前面已經提過在日常方方面面落實「三有」的重要性，這裡就不再贅述。不過，我要再次提醒品牌聯想所必須得到的格外重視，這一套關鍵字與情緒板的組合，很容易在溝通中像是「喔，我知道了」一般被一筆帶過而忽略。請務必記得，在品牌累積的真實過程中，品牌聯想的重要性比那一句品牌主張更高，因為它影響的是真正握有決策大權的系統一。

請把你的品牌聯想做成高品質的材料，不只是電腦簡報，還要做成書面資料，清楚並堅定地傳達給內部團隊及合作的所有代理商，讓他們深度理解內容及其重要性。最好也定下你們的遊戲規則，將透過怎樣的機制與流程，確保內外部對品牌所做的一切，都符合品牌聯想（以及品牌識別視覺規範）的要求。

五、把「三有」納進年度規畫

「三有」不需要是單獨的三個項目，而應該是貫穿在行銷年度規畫中的三個必要任務，所以必須從一開始就規畫進去。

你可以想像成這樣一個圖表：一般年度計畫最後都會有一個跟著時間軸展開的總表，橫軸是時間（一至十二月），縱軸是工作項目（可能是產品線／傳播活動／促銷活動等）；在這當中不妨把「三有」一目了然地加進去，可以用三種不同顏色分別代表「有名」、「有情」、「有形」，把每項工作中涉及到任一個「有」的具體行動，用相應顏色標註，於是一整年的計畫展開，就能看見三種顏色是否都有足夠的出現頻率與密度在其中。

當然你可以真的做出這張表，也可以當做只是個概念與比喻，重點是確保「三有」被確實貫徹在年度所做的一切當中。

六、對「三有」進行至少一年一次的追蹤

稍具規模的品牌方，一般都會針對品牌的健康度進行一年一次的追蹤調查，通常包括像是品牌知名度、品牌好感度、品牌特質等指標的評估。如果你手上有一個已經落地生根的品牌，這項追蹤調查非常重要，因為這是每年的唯一一次機會，把品牌這孩子的身高、體重好好度量一番，確保它正在長高長壯。沒有這項固定的健康檢查，就只能憑藉觀察與直覺去判斷品牌在消費者心中的現況，但很容易流於主觀。

在年度追蹤調查中，請記得把「三有」的指標也納入研究範圍，包括品牌能帶來哪些和多強烈的正面情緒，以及品牌能被普遍識別的流暢性元素有多豐富等。原因很簡單，這與你接下來的生意直接相關，它們代表的是品牌的滲透力、成長力與溢價力。

代理商怎麼用

據我所知，現在廣告公司手上都沒有什麼比較具備新觀念與思維的品牌工具，包括國際大4A公司❹們也是一樣。我希望這套工具能夠適時幫助大家，尤其在所有人被數位化與新科技沖昏頭也亂了手腳的此刻，能在比較前端的策略思考上為大家提供一劑大補

帖，也提醒所有人我們這一行的天職，不只是幫客戶成長生意，更要為他們建立可長可久的品牌。

對於廣告公司的兄弟姊妹們，下面是我在這套工具使用上的提醒與建議。

一、用來建立團隊的核心品牌觀念

現在的環境對於新進入行業的年輕一代而言，其實滿不公平的，因為一切都太急太快，多數人似乎都是學會了開槍就被派上戰場，只能在實戰中邊摸索邊學習。在摸索過程中，「術」的部分相對容易學到，但如果要培養品牌與行銷的基本觀念，需要的是一整套的思維體系與邏輯架構，很難透過片段的摸索而獲得。

在品牌思維上，我相信這套邏輯能幫助有心做好這行的年輕新血們，從比較前端的視角獲得品牌到底是什麼、品牌該如何建立等關鍵知識。而已經在行內打滾多年的資深人員，也可以用這套工具來刷新自己的品牌觀念，了解一下國際上比較新的品牌科學與理論。如果團隊上下都能具備相同的品牌觀念與理解，在日常溝通上就有了共同語言，作業起來必然事半功倍。

❹ 4A為「美國廣告代理協會」，是 The American Association of Advertising Agencies 的縮寫。

二、用來比稿，你可能會贏

如果是品牌層次的比稿，一定是個大案子。在我的經驗裡，客戶高層，甚至是執行長，都會坐在這樣的比稿會議裡並參與決策。這時候，如何精簡準確又一針見血地向未來客戶講述你的品牌觀點，就是獲勝的重要因素之一。品牌恆星這套工具的邏輯相對簡單清晰（相較於品牌願景、品牌理念這種大而空的虛幻詞彙），而且很容易就能往下延展到你的執行方案，讓提案一氣呵成。不妨找機會試試看。

三、搞懂客戶的生意問題，但比客戶更懂消費者

前面不斷提醒客戶們，品牌要解決的是生意問題，一定要把生意來源搞清楚。對代理商來說，這個問題同樣重要，唯有清楚掌握客戶的生意問題，才能對症下藥，而且客戶才會覺得你真的懂他們的生意，同時你的方案才不會飄在空中。

懂生意是客戶的責任，懂消費者則是代理商的責任。你必須讓客戶覺得你確實很了解他們所面對的消費者，甚至懂的比他們還多、還深入。要做到這一點只有一個方法，就是把功課做足。前面在討論消費者目標時，曾談了很多挖掘消費者心態與目標的方法，你可以自己做做看，也可以找調查公司的夥伴一起進行。相信我，這部分的力氣千萬不要省，只要下了工夫，客戶就能明顯感受到，也唯有抓到精準的消費者目標，你的品牌主張才有發光發熱的可能。

四、幫客戶嚴格把關品牌聯想，你就會立功

行銷傳播工作仍然是塑造品牌聯想很關鍵的一環，企業再怎麼做，多半仍需要透過代理商的手來完成，所以作為執行者的廣告公司能發揮很大的作用。

也許你的客戶還沒有品牌聯想的觀念，不妨主動把它變成一個與客戶一起進行的共創項目，制訂出一套雙方都認同的品牌聯想，客戶會非常感激你。然後把這套聯想好好運用在你們的日常執行工作中，只要經過一年時間，客戶就能感受到品牌樣貌的整齊化，而且品牌的力量應該會開始漸漸浮現，讓客戶的行銷工作變得更有效率、更有成績。榮耀你的客戶，你必共享榮耀，這就是我們這行的真理。

五、用「三有」整理散亂的傳播動作，管理新的傳播管道與手法

現在的消費者區隔之零碎、傳播管道之多樣、傳播工作之複雜，我想每一位代理商人員應該都比我更有體會。不同的廣告公司有不同的工具或模型，來幫助客戶與自己整理這一大團每一年或每一季要做的東西。在這麼多分散的工作中，最怕的就是頭痛醫頭、腳痛醫腳；可能一年到頭做了無數件事，銷售目標順利達成，但品牌累積卻一點也沒做到。

善用「三有」的架構，就能在進行原本規畫的同時，植入品牌的養護工作：只要確保「有名」、「有情」、「有形」三項任務都被適當安排在整體布局中，再加上品牌聯想從上統籌，品牌就能透過眾多行銷動作的累積，漸漸顯露出痕跡與印記。

面對新的媒體或傳播管道，在滿足媒介本身特性的同時，最好也清楚界定它們在「三有」當中該承擔的任務，就能確保任何新嘗試也能兼顧品牌的功課，而不只是一個純粹的銷售或促銷動作。

六、讓創意人員參與並貢獻品牌的策略工作

前面不斷強調，品牌策略中的品牌聯想，很需要廣告公司或品牌識別設計公司創意人員的參與，因為最能掌握與設計這些抽象感覺的專家就是他們，而且這當中往往還牽涉到美學與品味的思考。而愈早讓創意人員加入品牌建設的過程，他們對品牌的感情與責任感也會愈重，畢竟是一起親手接生的寶寶。

另外，創意人員必須充分了解「三有」當中的科學邏輯，才能在日常思考創意方案時，同時兼顧品牌建設的工作，團隊之間溝通起來也比較容易有共識。尤其是「有形」，最需要創意的神來一筆；同時「有形」中所包含的無限想像空間，也能提供創意人員最寬廣的揮灑舞台。

小企業與一人公司怎麼用

前面所講的內容與舉例，似乎談的都是大品牌、大企業，但在台灣，市場的中堅力量其實是在各自領域奮戰搏鬥的無數家中小企業。那麼這些品牌思考的大道理與大邏

輯，對於規模很小的小企業甚至一人公司，究竟成不成立？有沒有用？倘若有用，該如何用？

其實品牌恆星中每一環節的背後，都是「讓顧客更容易選擇你」的科學邏輯，談的都是有效影響人心的一些技巧。所以即使你目前的規模很小，只要生意面對的是人，包括消費端的人或企業端的人，這些邏輯與技巧也就必然通用。下面我就依照品牌恆星的內容順序，針對小企業與一人公司提供運用上的補充說明與提醒。

消費者目標

小公司往往面對最激烈的同質化競爭，大家都提供同一種零組件、大同小異的清潔服務、喝起來一樣好的咖啡，於是很多時候，競爭優勢拚的是服務與價格。

前面提過「Who → What → How」的邏輯，對小企業來說，起點是一模一樣的，甚至需要想得更精準：你的 Who 是誰？你的生意從哪裡來？這答案不應該是跟你同行一樣的整體性答案，比方說所有上游車廠、鹽埕區的所有家庭。對小企業而言，這個 Who 一開始不一定要很大，或許市場大餅的一角就足以讓你吃飽飽，關鍵是專屬於你的這一角在哪裡？以你的長處與特質，市場裡的誰最需要你？你能帶給他們什麼不同的價值？他們怎樣的深層次需求只有在你這裡才能真正滿足？其實就是同一個問題：你要切入的消費者目標是什麼？

以一個朋友的小店做例子。朋友在台北民生社區經營一家很精緻的咖啡館叫「花也」，但她賣的不只是咖啡與甜點蛋糕，還同時運用店的空間，提供花藝產品與花藝教學；這花藝可不只是一般的鮮花，而是可以擺上大約三至五年的不凋花。民生社區的咖啡館不少，但「花也」提供了社區居民更深層次的滿足，能享受愉悅又有成就感的閒暇時光，以及對於美的事物的參與體驗，在教學之間與社區居民的密切互動，更讓這家店成為大家心情上的社區活動中心，它不只是一家咖啡館，更是鄰里生活的一部分。

你絕對也能像「花也」一樣成功，只要想清楚你能滿足誰的哪一種獨特目標，就能找到屬於自己的那一角大餅。

品牌主張

根據找到的消費者目標，你得決定好品牌主張：面對市場與競爭環境，你到底要「賣什麼」？這個表述的關鍵不在於拿來當做到處宣傳、到處貼的品牌標語，更重要的用途有兩個：首先對內，跟所有員工、團隊乃至於自己說清楚，「我們這家公司到底要做什麼？要創造什麼價值？」正因為團隊不大，就更需要讓大家有明確的方向感與邊界感，才能把有限的力量集中一個對的點上。其次對外，在每一次與潛在顧客接觸的時候，把你的品牌主張作為讓他們認識你的起點，說出你不一樣的故事，在他們心中直接切割出你的不同身分與「用途」，讓你不只是那個品類當中另一張模糊的臉。

像是堅持了許多年的阿原肥皂，就有一個很清晰的自我定位：「以漢方全人養生思維與東方青草和諧概念，打造利益眾生良方」。這當然不是一句標語，但在廣泛的清潔護膚領域裡，這面高舉的鮮明旗幟讓阿原從一開始就很亮眼，也與眾不同。

品牌聯想

作為小企業或小品牌，顧客接觸點一定相對有限，正因為有限，就更需要盡可能利用你的每一次接觸機會，讓顧客留下更多鮮明而一致的印象，所以一定要好好管理你的品牌聯想。

傳統上，台灣的中小企業其實不太在乎形象，一致性就不用說了，往往連根本的美感都不重視。所以我們的名片簿裡充斥了乏善可陳的名片，街道上掛滿了足以破壞市容的招牌，連政治人物的穿著都只能用「草根」兩字褒獎。正因如此，只要你在行業裡比別人做得好一點、用心一點，就能呈現很不一樣的質感，就能創造優勢。而規畫的方向必須基於你的品牌主張，鎖定好你希望營造的品牌聯想。花點時間，討論出你們的品牌聯想詞與情緒板，然後貫徹在所有可能的接觸點上，你的品牌樣貌就會逐漸鮮明起來。這件事其實不難，只要做就會有效果。

有名

作為小企業甚至一人公司，能把自己變有名當然無往不利。但作為第一步，不能也不需要期望一下子就創造全行業甚至全國的知名度。

首先實現的「有名」，是在你要鎖定的那一群 Who 心中的有名，作為逐步擴大影響力的第一個據點與階梯。原理還是前面提過的——重複、重複、再重複。要讓你的目標對象重複聽到你的名字，除了花錢的管道，像是廣告、公關活動之外，其實還有大量的機會，例如行業組織或商會演講、行業媒體的報導、實體零售環境的露出、社區活動的參與、出書（像我一樣）……，這些都是傳統類型的出名機會，可能要看你的行業屬性，挖掘適合的角度。

當然，在今天的網路時代，線上世界充滿了更多新的可能，包括線上授課與經驗分享、經營部落格或社群媒體、直播、電商平台的運用等。線上世界雖然更為零碎，卻是更容易集中相同興趣、相近需求的人的零距離空間，對於抓到你要的 Who，其實是一個容易實現精準度的環境。

有情

系統一會直覺判斷，一個能帶給我們正面情緒的選項就是個好選擇。對小企業、小品牌而言，這種正面情緒當然不會來自於拍出扣人心弦的廣告片，而更應該是在日常接觸點中刻意累積而來，其中的關鍵就是在服務方式中帶給顧客「有溫度」的體驗。

在所有行業裡，都有大家習以為常或約定成俗的服務方式，多數公司覺得依樣畫葫蘆就對了，這就是你的機會。在這些大家都差不多的常規中，有沒有機會刻意創造有意義的不同？二〇二〇年十一月意外猝逝的華裔鞋商謝家華在美國創立的鞋類電商品牌 Zappos 就是一例。從創業初期，Zappos 就在客戶服務上傾注全力，貫徹「藉由服務讓顧客驚豔」的策略，在美國市場異軍突起。他們的客服人員既有耐心又貼心，不但對話親切不機械，退貨大方不囉唆，甚至願意為了解決顧客的問題，花好幾個小時與顧客對話（最長紀錄是十小時又四十三分鐘的一通電話）。這樣出乎意料的體驗，讓許多人買過一雙 Zappos 的鞋，從此就變成忠實顧客。

除了體驗當中的溫度，塑造品牌「有情」的另一個機會，就是好好說故事，說出你的小公司的故事，或者說出在你這裡發生過的顧客的故事。每一次故事的傳播，都會為你的品牌加上一層正面情緒的鍍金。「花也」的老闆娘就經常在臉書上分享店裡發生的小故事，不管是老公用心訂製獨一無二的結婚週年禮品的故事，或是小倆口愛情長跑到店裡一訂終身的故事，雖然都只是生活中的溫馨片段，但就能不斷為咖啡館注入正面溫暖的能量，把這家店變成「帶來正面情緒的好選擇」。

有形

記得童裝老品牌「Why and 1/2」在很久以前講過一句讓我印象深刻的話：「如果身高只有別人的一半，那你就要穿得比別人可愛兩倍。」在小品牌的「有形」上，道理更是如此。請嚴守你的品牌聯想，在有限的接觸點中規畫具備一致性的記憶符號，給顧客留下異常鮮明的可辨識度與顯著性。

關於這一點，我想特別提醒一件事，要創造記憶符號，不等於要創造一個卡通圖案或吉祥物。我發現在台灣市場，各種突發奇想的吉祥物超級氾濫，與其在吉祥物上爭奇門豔，更關鍵的是你在品牌上的視覺統一感，也就是視覺體系。不管是你的零售環境或產品包裝、是你的B2B公司簡介或企業網站，都應該有一個專屬於你的樣貌與調性，而這只要找一家稍微專業一點的設計公司就能幫你實現。這種投資千萬不要省，它能帶給你的專業感與形象提升會非常顯著。

另外，如果你是個人品牌，在這裡也有一個提醒：請刻意注重你的外型塑造，不只是要帥氣美麗，更要刻意經營可辨識度。你知道當年李敖為什麼永遠穿紅外套上節目嗎？還有《康熙來了》初期的蔡康永，為什麼肩膀上永遠要站著一隻烏鴉？這些都是非常重要的個人識別符號，能快速累積個人品牌的「有形」（遠遠勝過政治人物身上繡著大名的可怕背心）。當然，這不表示你去見客戶時也要弄隻鳥站在身上，請根據自己的個人特質與行業屬性，創造屬於自己的獨特識別感。這一點小心機，對你的未來大有幫助。

後記

武器交給你了，上場戰鬥吧！

呼！終於聊到了尾聲。

寫一本書如何收尾是最傷腦筋的。偉大的話就不說了，談點實在的吧。由於前面已經提過很多關於實際運用的建議，最後增加一點有關個人角度上的使用建議。

如果你覺得本書所講的邏輯與技巧很有用，請把它當成工具書，能在你遇到課題或做案子時隨時查閱，這也是我規畫這本書的一個出發點。另外，就我自己在學習與教學上的心得，分享一個很簡單的真理：學過的知識，用了才是你的，不用就會馬上忘記。要提醒自己記得使用，方法很簡單，你可以把書中的品牌恆星工具那頁（當然也可以加上內容匯總部分）影印下來，放在辦公桌上容易看見和取得的地方，每當碰到品牌或行銷的相關問題，就能隨時拿來幫助自己整理與思考問題。工具中如果有某一塊需要重溫或回憶，再拿書出來按圖索驥。當你習慣這套思考方式，多用幾次後，它就會內化成為你的知識與本能。

這本書一路貫穿著許多關於行為科學及大腦神經科學方面的理論與案例，希望能從最前沿及科學的角度，重構品牌思考的邏輯。整體而言，這一大套知識都可以用行為經濟學這門新興學科來概括。當中其實還有非常多有趣的內容與案例，限於本書篇幅，我無法一一道盡。如果你有興趣了解更多，其實還有非常多的書值得參考，這門學科在國際行銷界早已成為顯學，所以市面上有很多很棒的相關著作。後面會列出我的建議參考書目，方便你進一步探索。

其中特別推薦我翻譯的《關鍵行銷》（*The Advertising Effect*）一書，除了老王賣瓜之外，當時之所以主動找到原作者並毛遂自薦翻譯，正因為這是我讀過的相關書籍裡，把行為經濟學與行銷實戰工作扣得最緊的一本書，而且非常工具性，將行為經濟學的主要理論整理成一套很完整的工具與體系，正好與《強勢品牌成長學》這本書相輔相成。好囉，廣告時間完畢。

希望這本書對你有用。若有任何想法、指教、回饋和案例分享，歡迎透過電郵與我交流：jasonwang0815@foxmail.com。請叫我老王就好。

【聲明】

本書中用以舉例、模擬的品牌分析案例與商品樣貌，僅以討論與示範書中知識點與工具為目的，不涉及真實的品牌行為、商業行為、商品設計，所引用之商標均歸屬各該商標權人擁有，本書與各該商標並無授權關係或合作關係。

致謝

真心感謝在本書撰寫過程中，接受我訪談、讓我騷擾、被我逼迫動筆、提供我參考資料的每一位，他們包括：

我們的老大	TB Song	宋秩銘
我的師父	Tyson Deng	鄧臺賢
我的偶像	Minguay Yeh	葉明桂
我的女神	SJ Hsu	許舜英
我的同梯	Tammy Hsu	許菁文
我的老夥伴	Jessie Wang	王蓉平
	Jimmy Jiang	江世暉
	Skye Wong	翁逸芬
我的好朋友	Mikky Ho	何沂庭

參考書目

行銷與戰略相關

- 馬汀．林斯壯（Martin Lindstrom）著，《小數據獵人》（*Small Data*），寶鼎出版。
- 理查．柯克（Richard Koch）著，《80/20 法則》（*The 80/20 Principle*），大塊出版。
- 理查．魯梅特（Richard Rumelt）著，《好策略．壞策略》（*Good Strategy Bad Strategy*），天下文化出版。
- 詹姆斯．哈金（James Harkin）著，《小眾，其實不小》（*Niche*），早安財經出版。
- 賽斯．高汀（Seth Godin）著，《這才是行銷》（*This Is Marketing*），遠流出版。
- Itamar Simonson & Emanuel Rosen (2014), *Absolute Value, Harper Collins Publishers*.
- Javier Sanchez Lamelas (2016), *MARTKETING*, LID Publishing.
- Kevin Allen (2012), *The Hidden Agenda*, Taylor & Francis Inc.
- Seth Godin (2012), *All Marketers Are Liars*, Penguin Books Ltd..

品牌相關

- 唐納・米勒（Donald Miller）著，《跟誰行銷都成交》（*Building A Story Brand*），天下文化出版。
- 葉明桂著，《品牌的技術和藝術》，時報出版。
- Byron Sharp (2014), *How Brands Grow*, Oxford University Press.
- Martin Lindstrom (2008), *Brand Sense*, Simon & Schuster.
- Martin Lindstrom (2011), *Brandwashed*, Random House USA Inc.

行為經濟學相關

- 丹尼爾・康納曼（Daniel Kahneman）著，《快思慢想》（*Thinking, Fast And Slow*），天下文化出版。
- 丹・艾瑞利（Dan Ariely）著，《誰說人是理性的！》（*Predictably Irrational*），天下文化出版。
- 艾美・柯蒂（Amy Cuddy）著，《姿勢決定你是誰》（*Presence*），三采出版。
- 李奧納多・曼羅迪諾（Leonard Mlodinow）著，《潛意識正在控制你的行為》（*Subliminal*），天下文化出版。
- 亞當・費里爾（Adam Ferrier）著，《關鍵行銷》（*The Advertising Effect*），遠流出版。

- 威廉·龐士東（William Poundstone）著，《洞悉價格背後的心理戰》（*Priceless*），大牌出版。
- 約拿·博格（Jonah Berger）著，《何時要從眾？何時又該特立獨行？》（*Invisible Influence*），時報出版。
- 約拿·博格（Jonah Berger）著，《瘋潮行銷》（*Contagious*），時報出版。
- 強納森·哥德夏（Jonathan Gottschall）著，《故事如何改變你的大腦》（*The Storytelling Animal*），木馬出版。
- 麥爾坎·葛拉威爾（Malcolm Gladwell）著，《異數》（*Outliers*），時報出版。
- 凱斯·桑斯坦（Cass Sunstein）、理查·塞勒（Richard Thaler）著，《推出你的影響力》（*Nudge*），時報出版。
- 菲爾·巴登（Phil Barden）著，《行銷前必修的購物心理學》（*Decoded*），商周出版。
- 達瑞·韋伯（Daryl Weber）著，《勾癮》（*Brand Seduction*），寶鼎出版。
- Chip Heath & Dan Heath (2007), *Made To Stick*, Random House Inc.
- Chip Heath & Dan Heath (2010), *Switch*, Bantam Doubleday Dell Publishing Group Inc.
- Clotaire Rapaille (2007), *The Culture Code*, Broadway Books.
- David Lewis (2013), *The Brain Sell,* John Murray Press.
- James Crimmins (2016), *7 Secrets of Persuasion*, The Career Press.

- John Kearon, Orlando Wood and Tom Ewing (2017), *System 1: Unlocking Profitable Growth*, System 1 Group.
- Martin Lindstrom (2010), *Buyology*, Cornerstone.
- Paco Underhill (2008), *Why We Buy*, Simon & Schuster.
- Robert B. Cialdini (2006), *Influence*, HarperCollins Publishers.
- Roger Dooley (2011), *Brainfluence*, John Wiley & Sons Inc.

實戰智慧館 497

強勢品牌成長學

從行為經濟學解盲消費心理，關鍵六步驟打造顧客首選品牌

作　　者 —— 王直上

主　　編 —— 陳懿文、林孜懃
封面設計 —— 陳文德
行銷企劃 —— 鍾曼靈
出版一部總編輯暨總監 —— 王明雪

發 行 人 —— 王榮文
出版發行 —— 遠流出版事業股份有限公司
104005臺北市中山北路一段11號13樓
電話：(02)2571-0297　傳真：(02)2571-0197　郵撥：0189456-1
著作權顧問 —— 蕭雄淋律師

2021年7月1日　初版一刷
定價 —— 新台幣380元（缺頁或破損的書，請寄回更換）

ISBN 978-957-32-9189-3

遠流博識網　http://www.ylib.com
E-mail:ylib@ylib.com
遠流粉絲團　https://www.facebook.com/ylibfans

國家圖書館出版品預行編目（CIP）資料

強勢品牌成長學：從行爲經濟學解盲消費心理，關鍵六步驟打造顧客首選品牌 / 王直上著 . -- 初版 . -- 臺北市 : 遠流出版事業股份有限公司 , 2021.07

面；　公分

ISBN 978-957-32-9189-3（平裝）

1. 品牌　2. 品牌行銷

496　　110009186